2022

重大科学问题、工程技术难题和产业技术问题汇编

中国科学技术协会　主编

中国科学技术出版社

· 北 京 ·

图书在版编目（CIP）数据

2022 重大科学问题、工程技术难题和产业技术问题汇编 / 中国科学技术协会主编 . -- 北京：中国科学技术出版社，2023.5

ISBN 978-7-5046-8878-1

Ⅰ . ① 2… Ⅱ . ① 中… Ⅲ . ① 科学研究工作 – 概况 – 中国 Ⅳ . ① G322

中国国家版本馆 CIP 数据核字（2023）第 174545 号

责任编辑	冯建刚
封面设计	中文天地
责任校对	张晓莉
责任印制	李晓霖

出　　版	中国科学技术出版社
发　　行	中国科学技术出版社有限公司发行部
地　　址	北京市海淀区中关村南大街 16 号
邮　　编	100081
发行电话	010–62173865
传　　真	010–62173081
网　　址	http://www.cspbooks.com.cn

开　　本	787mm×1092mm　1/16
字　　数	100 千字
印　　张	10.5
版　　次	2023 年 5 月第 1 版
印　　次	2023 年 5 月第 1 次印刷
印　　刷	北京荣泰印刷有限公司
书　　号	ISBN 978–7–5046–8878–1 / G·1018
定　　价	87.00 元

编 委 会

宋瀚生　张士运　张振伟　张锁江　陈　弦　陈　磊　陈树森
苟利军　罗双江　郑士昆　郑　烁　封洪强　赵　勇　赵　康
胡　高　胡小平　侯晓彤　俞继军　俞　磊　姚　青　聂　静
聂晶磊　贾建平　晏启祥　钱林茂　高　欢　高新波　黄天晴
黄文江　黄庆国　盛新丽　蒋慧工　韩海辉　稻吉恒平
黎加纯　潘瑞军

秘书组（按姓氏笔画排序）

于宏丽　王玉滴　王　艳　王　辉　石　巍　申志铎　包雪松
刘　红　刘思岩　刘　婷　汤　竑　芦祎霖　吴德松　邱亢铖
邹菊华　完欣玥　宋文洋　张云慧　张琳琳　张　瑜　陈　敏
林晓静　周　馨　赵　琦　荆丽丽　贾晓丽　寇明桂　谢　洁
蔡　倩　鞠华俊

目　录

前沿科学问题篇

工程技术难题篇

产业技术问题篇

前沿科学问题篇

1 如何早期诊断无症状期阿尔茨海默病？

英文题目 How to Diagnose Pre-Clinical Alzheimer's Disease?

所属领域 生命健康（含医学）

所属学科 神经病学

作者信息 贾建平　首都医科大学宣武医院

推荐学会 中国认知科学学会

学会秘书 周　馨

中文关键词 阿尔茨海默病；无症状期；诊断；生物标志物

英文关键词 Alzheimer's Disease；Pre-Clinical；Diagnosis；Biomarkers

推荐专家 陈　霖　中国科学院院士，中科院生物物理研究所研究员

专家推荐词

阿尔茨海默病（AD）严重影响我国老年人群健康。AD 出现症状前 15～20 年脑内就开始发生病理变化，为防治最佳时期。找到这一时期诊断的标志物并进行干预，是减少 AD 发生的最根本策略。

问题描述

阿尔茨海默病（Alzheimer's Disease，AD）已成为严重危害我国老年人群健康、影响我国可持续发展的主要疾病之一，对 AD 的防治是当前亟须解决的重大社会问题。AD 出现症状前 15～20 年脑内就开始出现病理变化，是干预的最佳时期。找到能在无症状期诊断 AD 的生物标志物并在此阶段进行干预，不仅为提高我国 AD 的临床诊治水平，也为逆转甚至治愈 AD 提供了最佳时间窗口，将有效降低 AD 的发病率。

问题背景

2018 年发布的《2019—2025 年中国人口老龄化市场研究及发展趋势研究报告》中指出，中国 65 岁及以上的人口数量占全国人口比例的 11.4%，已达到 1.58 亿；全国老龄办发布的《中国人口老龄化发展趋势预测研究报告》中指出，我国目前正处于快速老龄化阶段，老年人口数将持续增加，预计到 2050 年我国 65 岁以上老年人口数量将达到 3.29 亿。全国流行病学调查显示，我国 60 岁及以上老年人中痴呆的患病率是 6.04%，患者人数为 1507 万（Jia 等，2020）。AD 是老年痴呆中最常见的类型。主要表现为渐进性记忆衰退、语言障碍和人格改变等神经和精神症状，严重影响患者社交、职业与生活功能。AD 不仅降低了老年人的生活质量，也给家庭和社会带来了沉重负担。经济调查显示，2015 年我国 AD 经济费用为 11000 多亿元，占国民生产总值的 1/80，预计到 2050 年，我国 AD 所致经济负担将达到 12 万亿元人民币（Jia 等，2018）。AD 已成为严重危害我国老年人群健康、影响我国可持续发展的主要疾病之一，对 AD 的防治是当前亟须解决的重大社会问题。

自 1907 年首例 AD 报道以来（Berchtold 和 Cotman，1998），国内外

对 AD 的发病机制、诊断技术和药物治疗研究投入了大量科研力量，虽然在 AD 发病机制方面取得了一些进展，但针对 AD 典型病理特征淀粉样蛋白过度沉积和 tau 蛋白过度磷酸化为靶点的新药研发和新药临床试验多数失败（Knopman，2019）。究其原因可能是临床试验的靶标人群集中于痴呆阶段的患者。研究显示，在临床症状出现前 15～20 年，患者大脑已经开始发生病理生理性改变，逐渐影响大脑功能（Bateman 等，2012）。当临床症状出现时，大脑的大部分结构和神经元已经发生了不可逆的损伤，此时疾病的治疗已经十分困难；另一方面，由于缺乏特异性的早期临床诊断标志物，患者不能在疾病无症状或症状轻微的 AD 痴呆前阶段得到明确诊断，因而错过最佳治疗时机，延误治疗。目前，国际学术界逐渐达成共识，将 AD 的诊治研究从痴呆阶段转移到痴呆前阶段。痴呆前阶段又分为轻度认知障碍发生前（pre-mild cognitive impairment，Pre-MCI）阶段和轻度认知障碍（mild cognitive impairment，MCI）阶段。MCI 是指 AD 的初期阶段，患者仅有轻度认知功能损害而不影响日常生活能力，尚未达到痴呆程度。Pre-MCI 是指发生于 MCI 前，患者没有任何认知障碍表现，大多有家族遗传史，并携带致病基因突变。有团队前期的调查显示（Jia 等，2020），我国 60 岁及以上老年人中 MCI 患病率高达 15.54%，约有 3800 万人。因此，开发用于症状前阶段的体液标志物十分紧迫，在 AD 出现临床症状前就明确诊断是目前诊治的关键。

目前该领域的研究面临诸多挑战：①缺乏能够有效识别 AD 痴呆前阶段和痴呆阶段的体液标志物；②由于地域和人种差异，难以确定针对国人的体液标志物诊断界值；③ AD 的发病机制复杂，从 Pre-MCI 至 MCI 到进展为 AD 是一个动态变化的过程，缺乏多种有效标志物的联合诊断体系；④ AD 起病隐匿，风险因素众多，缺乏风险因素与体液标志物相结合的

AD 发生发展风险预测模型。

最新进展

AD 患者脑内不仅出现淀粉样斑块和神经纤维缠结的病理性改变，还在疾病早期阶段出现神经炎性反应、氧化应激和神经功能损伤（包括神经元死亡和损伤，轴索损伤，突触功能障碍和突触丢失等），钙稳态失衡等，这些病理生理性改变在 AD 的早期诊断中具有重要意义，有望成为新型生物标志物（Molinuevo 等，2018）。神经颗粒素（Neurogranin，Ng）主要分布于皮层、海马等脑区，参与神经突触形成和突触可塑性，可作为突触丧失的标志物。MCI 患者脑脊液中的 Ng 水平与认知减退速度具有相关性（Kvartsberg 等，2015）。神经丝蛋白是突触的主要骨架蛋白，根据相对分子量的不同可分为轻链（Neurofilaments light Chain，NfL）、中链和重链，其中 NfL 可作为轴索损伤的标志物，在 AD 和 MCI 患者脑脊液中 NfL 水平显著升高；MCI 患者中，脑脊液 NfL 水平升高的患者其脑萎缩进展、认知功能下降、脑白质病变进展均更快（Zetterberg 等，2016）。新近研究表明，在 AD 临床前期和进展各阶段，血浆和血清中的 NfL 水平均升高，与脑脊液中 NfL 水平显著相关（Preische 等，2019；Mattsson 等，2019）。视锥蛋白样蛋白 –1（Visinin–Like Protein–1，VILIP–1）是一种细胞内钙敏感蛋白，在神经元损伤后释放进入脑脊液中，在 AD 患者的脑脊液中 VILIP–1 显著增高，并且与脑脊液中 T–tau 蛋白、P–tau 蛋白水平及脑萎缩程度相关（Groblewska 等，2015；Tarawneh 等，2011）。几丁质酶 –3 样蛋白 –1（YKL–40）是一个公认的神经炎症或小胶质细胞激活的指标，在轻度 AD 患者脑脊液中显著增高；可溶性髓系细胞触发受体 2（Soluble Triggering Receptor Expressed on Myeloid Cells 2，sTREM2）也是反映神经炎症的标志物，在常染色体显性遗传性 AD 患者脑脊液中表达升高（Craig-Schapiro 等，2010；Muszyński 等，2017）；其他炎性因子包括肿瘤坏死因子 –α（Tumor necrosis factors α，TNF–α）、可溶性 TNF 受体 1、TNF–α 转移酶和白介素 –6（interleukin 6，IL–6）等（Molinuevo et al.，2018），也与 AD 密切相关。衰老相关血源性因子，尤其是血小板反应蛋白（thrombospondin-4，4THBS4）、生长分化因子 11（growth differentiation factor 11，GDF11）和 CC 趋化因子配体 11（CC chemokine ligand 11，CCL11），可能是预测加速长时遗忘的潜在生物标志物（Yang 等，2021）。

虽然目前已鉴定多种 AD 相关的生物标志物，但是研究对象多为散发性 AD，难以界定痴呆前阶段，也没有利用家族性 AD 中携带致病基因突变但没有症状或症状轻微的痴呆前阶段进一步验证。另外，这些研究中的生物标志物种类较少，面对 AD 复杂的发病机制，单一的生物标志物不能够完全体现 AD 复杂的病理性改变，限制了其临床应用价值。

重要意义

生物标志物可以在体检测疾病相关的病理生理改变，是提高 AD 诊断效能的重要手段。开发一系列适宜大规模推广应用的 AD 无症状期诊断和预测疾病进展的生物标志物，并在此阶段进行干预，可以减缓疾病进展，可能使 AD 得到逆转，甚至治愈。提升 AD 诊治水平，对 AD 的预防和控制具有重要意义。为 AD 早期防治提供可行的策略，可大大降低发病率。

2

如何实现可信可靠可解释人工智能技术路线和方案？

英文题目 How to Realize the Technical Roadmap and Solution Towards Truthful, Reliable, and Interpretable Artificial Intelligence?

所属领域 信息科技

所属学科 计算机科学技术

作者信息 高新波　重庆邮电大学

推荐学会 中国人工智能学会

学会秘书 贾晓丽

中文关键词 机器学习；可解释；可信；可靠

英文关键词 Machine Learning；Interpretable；Truthful；Reliable

推荐专家 戴琼海　中国工程院院士

　　　　　蒋昌俊　中国工程院院士

　　　　　陈　杰　中国工程院院士

　　　　　王恩东　中国工程院院士

　　　　　赵春江　中国工程院院士

专家推荐词

对于复杂问题的深度学习使得人工智能（AI）模型越来越复杂，越来越不透明，从而导致模型不可信、不可控、不可靠，尤其是 AI 模型的可解释性差。在应用 AI 技术时，亟须对 AI 系统的决策过程有合理、可信、可靠的解释，以便提前预判并有效控制，这是 AI 研究中一个十分重要的问题。

问题描述

深度学习的发展使得人工智能模型纷繁复杂，而这些更复杂更强大的模型变得越来越不透明。这些模型基本上仍然是围绕相关性和关联性建立的，从而导致诸多挑战性的问题，如虚假的关联性、模型调试性和透明性的缺失、模型的不可控，以及不受欢迎的数据被放大等。上述问题使得人工智能模型的现实应用存在潜在的公平性、安全性、伦理道德等风险。为缓解经典学习范式的缺陷，实现可信可靠的人工智能，使其在现实任务中发挥出更大效用，提升人工智能的可解释性是其中的关键。

问题背景

深度学习的发展和多源异构的大数据建设，使得人工智能模型性能不断精进，而其结构也愈加复杂，很不透明。这一问题导致人工智能系统面临不可信、不可控、不可靠等诸多瓶颈。

从人工智能的应用实施落地角度，一方面习得的虚假关联和难以调试导致决策模型不能稳健泛化到现实任务中，另一方面也极易卷入算法歧视、隐私泄露等技术伦理纠纷。

从人工智能的学术研究发展角度，黑盒模型的堆砌和机械性调参也容易导致学术研究陷入瓶颈，阻碍对人工智能基础理论和哲学原理的探索。

因此，研究人工智能模型的可解释性已被认为是焦点。

最新进展

随着人工智能技术的发展渗透到社会各处，各国政府、组织开始完善对人工智能发展方向的指引。其中，发展可信、可靠、可解释的人工智能技术成为共识。

2016 年，来自谷歌的机器学习科学家 Ali Rahimi 在神经信息处理系统进展（NIPS）大会上表示，当前有一种把机器学习当成炼金术来使用的错误趋势。同年，美国国防高级研究计划局（DARPA）制定了"DARPA Explainable AI（XAI）Program"，希望研究出可解释性的人工智能模型。关于"可解释性"，来自谷歌的科学家在 2017 年 ICML 会议（国际机器学习大会）上给出一个定义——可解释性是一种以人类理解的语言（术语）给人类提供解释的能力（interpretability as the ability to explain or to present in understandable terms to a human）。

2019 年，欧盟出台《人工智能道德准则》，明确提出人工智能的发展方向应该是"可信赖的"，包含安全、隐私和透明、可解释等。2021 年 9 月 25 日，中国国家新一代人工智能治理专业委员会发布了《新一代人工智能伦理规范》，在其总则中提出确保可控、可信是人工智能系统应当满足的基本伦理要求；此外，《规范》要求在人工智能算法设计、实现、应用等环节，应提升透明性、可解释性、可理解性、可靠性、可控性，以逐步实现人工智能系统的可验证、可审核、可监督、可追溯、可预测、可信赖。如何在规范指引下发展可信、可靠、可解释的人工智能系统成为当下亟须突破的问题。

重要意义

人工智能模型最核心的问题就是可解释性差。这一问题不解决,人工智能系统就会存在不可信、不可控和不可靠的软肋。

人有显性知识和隐性知识,隐性知识就是经验直觉,人可以有效地结合两种不同的知识;而我们在解释、理解事物时必须是利用显性知识。当前的深度学习是以概率模型得到隐性知识,而显性知识适合用知识图谱来模拟。但是,深度学习和知识图谱这两个世界还没有很好地走到一起。

可解释性要求对人工智能系统的技术过程和决策过程给出合理解释。技术可解释性要求人工智能做出的决策可以被理解和追溯。在人工智能系统会对人类的生命造成重大影响时,就需要人工智能系统的决策过程有一个合理的解释、提前的预判与有效的控制。因此可解释性人工智能包括三个环节,第一是使深度神经网组件变得透明;第二是从深度神经网里面学习到语义图;第三是生成人能理解的解释。

人工智能系统不一定有意识,但可以有目的。机器学习的真正难点在于保证机器的目的与人的价值观一致。人工智能面临的重要挑战不是机器能做多少事,而是知道机器做的对不对。

3 如何实现原子尺度精准制备和结构调控构建未来信息功能器件?

英文题目 How to Achieve Atomic Precise Fabrication and Structural Manipulation for the Future Information Devices?

所属领域 先进材料

所属学科 材料科学

作者信息 时东霞 中国科学院物理研究所

推荐学会 中国真空学会

学会秘书 张琳琳

中文关键词 低维材料；原子制造；功能器件；精准调控

英文关键词 Low-Dimensional Materials；Atomic Manufacture；Devices；Precise Manipulation

推荐专家 顾长志 中国科学院物理研究所副所长

专家推荐词

随着未来信息器件朝着更小尺寸、更低功耗、更高性能的方向发展，将逼近"有限个原子"尺度，量子效应凸显，经典半导体物理不再适用。极限尺寸材料和器件的可控制备及物性调控都需要在新材料、新技术和新物理等方面展开前沿研究和相关知识储备。研究基于原子尺度精准制备和结构调控的新原理和新材料、发展信息器件构筑及功能调控的新方法和新技术，将在低维材料和原子制造领域促进和加强我国的核心竞争力和国际话语权，为国家提供面向未来原子制造时代的人才储备、技术支撑和科学研究基础，抢占新一代制造领域的国际战略高地。

问题描述

未来信息器件朝着更小尺寸、更低功耗、更高性能的方向发展，对新材料、新技术和新理论等方面都提出了挑战。为了达到器件发展的极限目标，需要发展原子尺度精准的材料制备及表征、信息器件构筑及功能调控的方法和技术。低维材料的原子级精准构筑及其新奇物性的研究将推动基于低维材料的功能器件的应用，基于二维材料的原子级精准制造和结构调控是未来信息器件构筑的基础。原子尺度精准制造的方法、技术和理论，以及如何在原子尺度精准构建低维原子/分子晶体材料及其异质结构非常重要。

材料尺寸的极限目标是达到单个原子水平，极限尺寸材料和器件的可控制备及物性调控都需要在新材料、新技术和新物理等方面展开前沿研究和相关知识储备。随着材料和器件的特征尺寸进一步缩小，达到"有限个原子"这一特征尺度时，其物理性质对材料和器件自身的原子构型以及边界、表界面的原子结构都极其敏感，量子效应显著，并表现出一些新奇的物理性质，经典半导体物理不再适用。因此，为了达到器件发展的极限目标，需要发展原子尺度精准的材料制备及表征、信息器件构筑及功能调控的方法和技术。

问题背景

我国制造业体量大，但核心竞争力不强，关键元件受制于人。纵观制造业的发展，人类制造能力经历了原始的手工制造、机械制造、微纳加工三个时代，每一个阶段制造能力的提升都极大地推动了社会的发展。目前，在信息技术与制造技术深度融合的前景下，正在引发新一轮科技革命和产业变革。随着信息器件的微缩化发展趋势，现有器件技术遇到瓶颈问题，单元器件的尺度进入 7nm，甚至 5nm 以下技术节点，趋近硅基器件的极限。未来制造技术必将是原子级精准制造的突破。原子级精准制造包括原子增减、原子位移和原子的有序排列等。原子级精准制造是颠覆性科技，不同的排列方式将导致低维材料千变万化的性质。单个原子的增减能实现新的功能，或彻底改变核心单元的功能。原子位置的微小改变能实现或彻底改变核心单元的功能。缺陷、边界乃至界面往往决定了低维体系的新奇物性。低维材料，包括零维，一维和二维材料，具有丰富的物性和可调控性，是实现原子精准制造的理想体系。因此，低维材料的原子级精准构筑及其新奇物性的研究，将推动基于低维材料的具有原子级沟道的微纳器件的应用。

最新进展

2004 年，英国曼彻斯特大学的 A. Geim 和 K. Novoselov 发现制备石墨烯的简单方法，并于 2010 年获得诺贝尔物理学奖。他们的研究开启了二维原子晶体材料研究的新时代，并催生相关研究方向：新型准粒子研究、二维磁性和二维超导、拓扑绝缘体和拓扑半金属、新型电子 / 自旋 / 谷器件等。目前，国际的二维材料研究呈现出中、欧、美三足鼎立的局面。我国目前缺少国家层面的整体战略布局。原子级精准制造相关科学与技术目前在国际上仍处于概念阶段，相关研究方向已经成为国际科技竞争的热点，面临的主要挑战有：大范围精准组装存在困难，功能设计尚未实现；物性的原子尺度精准表征和调控的实现依然不足；用原子制造技术构造功能器件甚至系统尚属空白。难点问题包括：如何发展原子尺度精准制造的方法、技术和理论，在原子尺度精准构建低维原子/分子晶体材料及其异质结构；如何在原子尺度精准构建信息电子/光电器件，例如高灵敏度广谱光电探测器、高速低功耗自旋逻辑和存储器件、神经形态仿生及类脑计算等功能器件。

重要意义

针对未来新型信息器件的新原理及其构筑方法，提出原子制造这一新概念，选择低维材料这一原子制造的直接产物为研究对象。针对低维材料和异质结构的原子尺度精准制造，发展原创性方法，突破原子尺度制备材料的关键技术难点，解决原子尺度精准的材料制备及表征、信息器件构筑及功能精准调控的方法和技术等核心科学问题。以重大科学前沿问题为导向，整合在低维材料、物理和器件研究领域的优势力量，发挥集体攻关优势，探索和构筑几种具有中国标签的高品质新型低维材料及其异质结构，抢占"信息功能器件牵引的精准原子制造"这一国际研究高地，继而成为低维材料和原子制造领域的引领者。

围绕原子制造技术与方法，发展针对低维材料和异质结构原子尺度精准制造的原创性技术，研制出一系列具有新奇物性、可能孕育信息革命的新型低维材料，在某些关键应用基础研究，如新型信息存储和计算、广谱探测等方面取得重大科学突破。同时在这个过程中，凝聚一批强有力的研究群体，锻造核心研究力量、发展关键技术、为国家提供面向未来原子制造时代的人才储备和知识储备、技术支撑和科学研究基础。

4 新污染物治理面临哪些问题和挑战？

英文题目 What Problems and Challenges Are We Facing in Emerging Contaminant Control?

所属领域 生态环境

所属学科 环境科学技术

作者信息 王　斌　清华大学环境学院

郑　烁　清华大学环境学院

推荐学会 中国环境科学学会

学会秘书 刘　婷

中文关键词 新污染物；治理；优控污染物；生态风险；健康风险

英文关键词 Emerging Contaminants；Control；Priority Pollutants；Ecological Risk；Health Risk

推荐专家 余　刚　清华大学环境学院教授

专家推荐词

我国的新污染物治理还处于起步阶段，很多新污染物治理科学机理不明，相关技术力量薄弱，不少地方存在新污染物治理能力不足的问题。新污染物治理面临诸多问题和挑战，加强新污染物治理能力是我国目前重要的课题。

问题描述

随着我国污染防治攻坚战的不断推进，常规污染物污染状况逐渐好转。目前新污染物的问题越来越受到国内外的重视，新污染物治理在我国也已提上日程。但是我国的新污染物治理还处于起步阶段，很多新污染物治理科学机理不明，相关技术力量依旧薄弱，在新污染物风险评估和管控上存在监测数据缺乏、风险不清、使用和排放清单不明，优控污染物清单有待更新完善，新污染物环境基准研究不足、环境标准缺乏、难以有效监管等诸多问题。且我国很多地方存在新污染物治理能力不足的问题。面对诸多问题和挑战，如何加强我国的新污染物治理能力是目前重要的课题。

问题背景

近年来，我国在常规污染物污染防治工作上常抓不懈，取得了显著的成效。随着人民对优美生态环境和健康安全生活需求的日益提高，新污染物也受到越来越多的关注。新污染物不同于常规污染物，指新近发现或被关注，对生态环境或人体健康存在风险，尚未纳入管理或者现有管理措施不足以有效防控其风险的污染物，包括药物和个人护理品（PPCPs）、持久性有机污染物（POPs）和内分泌干扰物（EDCs）等。

2020 年 11 月，中国共产党十九届五中全会审议通过的《中共中央关于制定国民经济和社会发展第十四个五年规划和二〇三五年远景目标的建议》提出要"重视新污染物治理"。2021 年 3 月，全国人大通过《中华人民共和国国民经济和社会发展第十四个五年规划和 2035 年远景目标纲要》，强调"重视新污染物治理"。2021 年 10 月，生态环境部发布《新污染物治理行动方案（征求意见稿）》。

2022 年 3 月，李克强总理在十三届全国人大五次会议上作政府工作报告时指出要"加强固体废物和新污染物治理"。生态环境部黄润秋部长在 2022 年全国生态环境保护工作会议上表示"要强化固体废物和新污染物治理，实施新污染物治理行动方案，全面落实新化学物质环境管理登记制度"。

与此同时，各省（自治区、直辖市）陆续将新污染物治理纳入《"十四五"生态环境保护规划》。2022 年 5 月，国务院办公厅印发《新污染物治理行动方案》，全面部署新污染物治理工作，我国新污染物治理拉开帷幕。

最新进展

近 20 年，国内外研究人员开展了大量新污染物的相关研究，取得了一系列重要的科学成果。包括建立了部分新污染物分析方法，评估了部分典型地区新污染物污染状况、污染特征和环境风险，开发了一些新污染物控制技术等。我国是目前新污染物研究论文发文量最多的国家，新污染物研究进展也在一定程度上促进了我国新污染物治理政策的出台。

我国虽然开展了大量新污染物相关研究，但是目前仍然存在很多问题。在新污染物环境污染和风险评估上，由于缺少系统数据支撑，目前我国绝大多数地区环境中新污染物的成分和来源不清、新污染物的生态风险水平及潜在人体健康风险不明，多种新污染物共存时的联合效应和作用机制不清等问题。目前新污染物未列入日常环境监测，它们的环境监测基本是以完成短期的科研项目为目的，研究数据的时间连续性不足，缺少时间变化趋势分析，在同一区域的变化趋势不清，不能全面评估区域生态环境质量和风险变化。在新污染物控制技术上,虽然发表了大量高水平文章和专利,并且已经开展了一些中试和示范工程研究,如全氟和多氟烷基物质(PFASs)的处置技术、PPCPs的控制技术示范,这些技术示范效果很好,但是因为缺乏新污染物相关环境排放标准,因此缺少实际应用需求,且经济性和实用性依然存在问题。虽然新修订的上海市《污水综合排放标准(DB 31/199—2018)》将壬基酚列入污染物控制项目、新修订版《生活饮用水卫生标准(GB 5749)》将全氟辛烷磺酰基化合物(PFOS)和全氟辛酸(PFOA)列入水质参考指标,国家和地方新污染物相关标准仍然缺乏,难以对其进行有效监管。

针对目前我国大多数区域在新污染物风险评估和管控上存在监测数据缺乏、风险不清、使用和排放清单不明,优控污染物清单有待更新完善,新污染物环境基准研究不足、环境标准缺乏、难以有效监管等诸多问题,亟须在如下方面加强工作:一是加强新污染物监测和评估,建立新污染物监测和评估网络数据库;二是强化新污染物治理基础,开展新污染物清单数据库建设和优先性筛选;三是建立新污染物环境基准,开展其环境风险评估;四是制定新污染物环境标准,加强其环境风险控制和管理。随着我国新污染治理工作的持续推进,预计更多的相关控制标准将出台,促进新污染治理的技术应用和产业化需求。

我们可喜地看到,国务院办公厅新近印发的《新污染物治理行动方案》部署了包括完善法规制度,建立健全新污染物治理体系;开展调查监测,评估新污染物环境风险状况;严格源头管控,防范新污染物产生;强化过程控制,减少新污染物排放;深化末端治理,降低新污染物环境风险;加强能力建设,夯实新污染物治理基础在内的六方面的行动举措。

虽然新污染物治理已经提上我国中央政府议事日程,但是目前我国很多地方存在新污染物治理能力不足的问题，加强我国的新污染物治理能力是目前重要的课题。建议各地首先进行如下调研，为落实我国新污染物治理行动方案提供支撑：① 生态环境管理者和民众对新污染物的认知情况；② 新污染物相关工业产业及其治污情况；③ 地方环境监测机构的新污染物监测能力；④ 新污染物治理相关产业和治理能力；⑤ 地方新污染物治理相关规划或行动计划；⑥ 地方加强新污染物治理能力建设方案。

我们必须清楚地意识到，随着环境监测技术的发展和监测对象的扩展，以及我们对化学物质环境和健康危害认识的不断深化，可被识别出的新污染物还会不断增加，因此新污染物治理将面临不断提出新问题和解决新问题的长期挑战。

重要意义

近年来，我国传统污染物治理已经取得显著成效，污染状况持续好转，但是新污染物尚未得到足够关注。新污染物种类繁多，通常它们在环境中的浓度很低，但是对人体健康和生态环境呈现出长期的隐性危害效应，不易觉察，甚至影响后代。随着人民群众对优美生态环境和良好身体健康需求的日益增强，实施新污染物治理尤为必要。

党的十八大以来，党中央、国务院高度重视国家生态安全体系建设，党的十九大描摹出"到 2035 年，生态环境根本好转，美丽中国建设目标基本实现"的蓝图，提出要"全力以赴打好污染防治攻坚战"。新污染物治理是推动美丽中国和健康中国建设的重要战略措施之一。

新污染物治理将是一项具有长期性的复杂系统工程。应以习近平生态文明思想为指导，从国家层面统筹环境中常规污染物和新污染物的协同防治，完善区域层面环境管理体系；以长江、黄河大保护为契机，推进流域层面的新污染物联防联控，建立流域新污染物治理创新平台；由生态环境部门牵头，建立各相关部门之间的有机联系和协调工作机制，共同促进我国新污染物治理，助力美丽中国和健康中国建设。

5 如何实现自动、智能、精准的化学合成？

英文题目　How to Make Synthesis Chemistry Automatic，Intelligent and Accurate?

所属领域　数理化基础科学

所属学科　化学

作者信息　边文越　中国科学院科技战略咨询研究院

推荐学会　中国化学会

学会秘书　鞠华俊

中文关键词　合成化学；自动合成；人工智能；化学合成机器

英文关键词　Synthesis Chemistry；Automatic Synthesis；Artificial Intelligence；Chemical Synthesis Machine

推荐专家　郑企雨　中国科学院化学研究所研究员

专家推荐词

一旦实现并大规模应用，不仅将改变传统实验科学面貌，将研究人员从大量重复性工作中解放，大幅提高研发新型功能分子和材料效率，而且将对相关产业产生显著积极影响，但也可能给国家安全带来新挑战（合成化学武器）。

问题描述

化学合成依赖反应物选择、反应条件控制等诸多因素，因此很难用定量、可预测的数学关系来进行指导。长期以来，化学合成基于专家经验和试错，合成效率不能满足人类社会对新的功能分子和材料的巨大需求。近年来，合成机器人的出现为自动化、集成化的开发合成化学分子提供了便捷可操控的平台原型，但智能化、精准化程度上还有很大的提升空间。如何将机器人融合量子力学底层规则，赋予合成机器人智慧核心，帮助其突破人类专家的思维和算力局限，预测全新的合成路径，对复杂合成过程进行优化，实现真实条件下（包括催化剂、溶剂、温度、压强等）的化学反应路径预测和反应条件自动优化，推动化学合成精准化和智能化，是合成化学和相关学科中的重大前沿科学问题。

问题背景

虽然化学合成快速发展，但今天化学实验室的面貌与一百年前相比并没有本质变化，化学工作者依然需要依靠专家经验和反复试错来获得目标产物。这样的研究方式不仅失败率较高，而且容易引发安全事故。特别是后者严重影响了化学研究在社会公众中的形象，影响了化学事业"后继有人"。实现化学合成自动化、智能化、精准化是化学工作者们长期以来的梦想。

最新进展

为实现自动、智能、精准的化学合成，国际上已形成了两条主要研发路线。

其一是以英国格拉斯哥大学为代表，通过改造实验室仪器设备使其适应自动化合成，然后利用大量数据训练算法形成人工智能，以指挥仪器设备合成目标化合物。该路线主要适用于可以流动合成的化学反应。最新代表性成果由英国格拉斯哥大学于 2020 年 10 月发表在《科学》杂志上。他们模仿人类开展化学研究的过程"读文献—架仪器—做实验"，设计了一套基于自然语言处理技术的化学自动合成操作系统 ChemIDE。该系统包括三个部分：① 通过自然语言处理技术阅读化学论文，形成计算机可以理解的操作步骤；② 根据操作步骤，形成操作实验仪器程序；③ 根据程序控制实验仪器开展实验。通过这套系统，研究人员从论文出发自动合成了利多卡因、戴斯 – 马丁试剂、AlkylFluor 等 12 种有机物，产率与论文报道值相当甚至略高。而且，ChemIDE 成功在两种自动合成平台上运行，显示了一定的通用性。

其二是以英国利物浦大学为代表，从机器替代人的角度出发，研发可以像人一样从事各种实验操作的智能机器人。利物浦大学研发的机器人由商业机器人改造而成，分为两个部分：移动平台和固定在其上的机械臂。移动平台采取激光测距和定位块辅助的方法定位，可以在 7.3 m × 11 m 的实验室空间准确定位各种仪器装置，误差在位置 ±0.12 mm、方向 ±0.005° 以内。研究人员对机械臂进行了简单改造，使其适应抓取化学试剂瓶和按仪器按钮，并负责触摸定位块。装载了实验操作程序和算法的机器人，可以像人类一样在实验室各种仪器装置间移动，进行装样、溶解、密封、实验、仪器分析、数据分析、设计实验等操作，并在等待分析结果时充电。与第一条技术路线相比，第二条技术路线适用范围更广，且几乎不需要对现有实验室进行改造，意义价值更大。

目前，自动、智能、精准的化学合成技术已经初步用于药物制备。例如，2016 年 4 月，美国麻省理工学院报道了其研发的小型全自动药物合成机器。研究人员利用该系统合成了盐酸苯海拉明、盐酸利多卡因、安定及盐酸氟西汀四种药物，每天可分别生产 810 ~ 4500 份制剂，品质均达到美国药典标准。2019 年 1 月，英国格拉斯哥大学报道了其使用自动合成反应平台合成了三种药物，不仅产物收率和纯度达到人工合成水平而且大幅缩减了制备时间。此外，礼来、辉瑞、默克等制药公司也都开展了自动合成药物分子研究。

虽然合成机器人（平台）的出现为自动化、集成化地开发合成各种功能分子提供了便捷可操控的平台原型，但其智能化、精准化程度还有很大的提升空间。如何融合量子力学底层规则，赋予化学自动合成机器智慧核心，助其突破人类专家的思维和算力局限，从而预测全新的合成路径并对复杂合成过程进行优化，实现真实条件下（包括催化剂、溶剂、温度、压强等）的化学反应路径预测和反应条件自动优化，推动化学合成精准化和智能化，是合成化学和相关学科中的重大前沿科学问题。

重要意义

自动、智能、精准的化学合成将改变传统实验科学的面貌，通过化学合成自动化，将研究人员从大量重复性工作中解放出来，使他们有更多时间从事创新性的活动。人工智能技术将大幅提高人类研发新型功能分子和材料的效率，增强了人类拓展未知科学疆域的能力。精准的化学合成将进一步提高原子经济性，使化学合成更加绿色，促进可持续发展。

鉴于合成化学在科研和生产中的基础性地位，一旦实现自动、智能、精准的化学合成并大规模应用，必将对国防、经济、社会、科技等受创新驱动的方方面面产生显著积极影响。但其"双刃剑"效应也必须重视。自

动、智能、精准的化学合成技术也可以用于合成危险用途的已知和未知化合物，例如制造化学和生物武器的分子、生物大分子、物质和药物。美国国防高级研究计划局等机构设立"加速合成化学"等项目，积极支持自动、智能、精准的化学合成研究，其军事应用目的不言而喻。

6 如何整合多组学对生物的复杂性状进行研究？

英文题目　How to Effectively Integrate the Big Multi–Omics Data to Decipher the Complex Traits?

所属领域　农业科技（含食品）

所属学科　畜牧学

作者信息　刘剑锋　中国农业大学动物科学技术学院

推荐学会　中国畜牧兽医学会

学会秘书　石　巍

中文关键词　多组学；复杂性状；大数据；机器学习

英文关键词　Multi–Omics；Complex Traits；Big Data；Machine–Learning

推荐专家　杨　宁　中国农业大学教授

专家推荐词

一方面，多组学可以解析重要的农艺性状、经济性状形成的分子机制，从而指导相关的生物育种，助力国家种业发展；另一方面，多组学可以对动植物的生产性能精准评估，进而指导农业生产。

问题描述

整合多组学对生物的复杂性状进行研究，解析相关的分子机制，将为今后相关产业的发展提供重要的依据。如在人体疾病研究上，采用多组学对复杂疾病如癌症、复杂遗传病形成机理研究，可以有效地对于相关疾病进行预测以及采取相关的治疗手段。在动物上，则可以对如肉质性状、长寿性状等复杂性状进行选择，提升肉、蛋、奶等产品的产量与品质；而且对于相关疾病等的研究，一方面可以提升动物福利，减少养殖过程中药物的使用，促进产业绿色发展，另一方面，很多动物可以作为模式动物，相关复杂性状的解析可以促进人体如衰老、疾病等方面的研究发展。综上，如何利用多组学数据，更精准地解析动物的复杂性状形成机制以及相关的生理过程，对农业生产、人类疾病研究等方面有着重要的意义。

问题背景

近年来，随着相关研究技术的不断发展，应用组学数据进行生物性状的分子机制研究已非常普遍，如使用基因组、表观基因组、转录组、蛋白组以及代谢组等进行相关性状分子机制的研究。但是随着研究的深入，更多的性状被发现并非可以由单一因素进行解释，其更多的是由多方面共同作用而形成，因此仅使用单一组学信息进行相关机制的研究已经无法形成一套清晰的脉络。如近年被广泛使用的全基因组关联分析，虽然找到了大量的遗传变异位点，但这些变异仍然只能解释很小的一部分遗传机制，这就是因为很多性状（包括众多的复杂性状）其并非仅由单一位点进行控制，而是由多个位点乃至多个组学之间共同作用的结果。再比如目前常见的转录组分析，尽管找到了众多和性状相关的差异表达基因，但是什么原因造成其差异表达以及其差异表达是否最终传导到了性状的表现上，这些均为未知。并且，随着研究的深入，很多研究表明，对于复杂性状形成和调控的分子机制，不仅是由多个组学所造成的，而且多个组学之间还有着复杂的作用关系。有研究表明在多个组学之间，不是简单的线性回归关系，而是存在大量的互作（如基因—基因互作、基因—环境互作）、调控等现象，这些信息通过单组学分析难以有效捕获。因此，在上述诸多问题的指引下，很多研究开始考虑如何去对复杂的多组学信息进行研究，剖析其之间的联系与作用，以便完整解析复杂性状的分子机制。

最新进展

目前对于多组学的研究在人类和植物上居多。在人类上多是对于癌症进行多组学的研究，如使用 mRNA 测序数据、miRNA 测序数据以及基因组拷贝数变异对卵巢癌进行研究，并最终鉴定得到了与卵巢癌相关的 19 个生物学标记以及 8 个生物学通路。前述的各组学之间存在着相互作用，并且在很多情况下，这些作用均不是简单的线性相关作用，而是以非线性的形式存在。机器学习因为有着可以解决这种非线性相关问题的优势，近几年在生物学的研究中被广泛地应用。在大数据分析和人工智能研究领域，各类机器学习及深度学习算法被研究人员广为青睐：Chaudhary 等人通过深度神经网络，成功实现了对疾病的准确预警；Ma 等人通过可视化神经网络，对基因组、转录组、蛋白组间的互作、调控机制进行了分析与预测，取得了显著的成果。卷积神经网络自 20 世纪 90 年代被提出，被广泛用于高维变量（文本模式识别、图像等资料）特征提取，卓有成效，对解决多组学信息整合问题提供了理论依据。而支持向量回归机，则早已证明其在高维空间进行线性拟合的强大能力。相比普通线性回归，支持向量回归机在回归问题上允许一定的偏差，并且训练完成后仅需要计算新数据与支持向量的距离关系，简化了计算量，并拥有更优秀的泛化能力。尽管目前已经有众多的研究尝试去通过机器学习的方法进行多组学的整合分析，但是目前依然有三大难点亟待解决：A 对于使用机器学习进行多组学整合分析没有一个"金标准"进行评判。大多数提出的机器学习方法是对特定研究对象进行分析而提出的，因此可能有着数据的特异性，从而无法得知该方法的泛用性情况。B 正如前所述，目前组学的类型众多，包括有基因组、转录组、蛋白组等类型的组学，以及近几年来在植物上开始推广应用的表型组等。使用何种组学组合进行分析又是一个难点，尤其是评判哪种多组学的组合可以更好地进行后续的分析又是一个重大的挑战。同时是否组学使用的类别越多，组学利用的维度越高最终对于生物学机制的解析就越准确也是个重点问题。C 如何利用多组学进行快速、准确并且经济的预测。如对疾病模型的预后研究，如何通过多组学进行准确地预测并降低整体的预测费用，可以使相关的研究结果更好地应用于社会服务中。如何解决这些问题，成为多组学应用于相关的生物学功能分子机制分析以及相关的疾病预测、表型预测的关键。

重要意义

目前国际上已有研究者开始进行相关的研究。该问题的突破将在很大程度上提升人们对于复杂性状的研究能力，如在对复杂疾病的研究上，特别是对癌症的研究。而在农业生产上，则可以通过多组学的研究，一方面解析重要的农艺性状、经济性状形成的分子机制，指导相关的生物育种；另一方面，通过多组学的分析，对动植物的生产性能进行评估，指导生产，促进农业产业的发展。

7 能否实现材料表面原子尺度可控去除？

英文题目	Is It Possible to Enable Controllable Atomic–Removal of Material Surface?
所属领域	制造科技
所属学科	机械摩擦、磨损及润滑
作者信息	陈　磊　西南交通大学
	钱林茂　西南交通大学
推荐学会	中国机械工程学会
学会秘书	于宏丽
中文关键词	微观磨损；原子级可控去除；微纳机电系统；超精密制造
英文关键词	Micro–Wear；Controllable Atomic–Removal；M/NEMS；Ultra–Precision Manufacturing
推荐专家	韩恩厚　中国科学院金属研究所沈阳分院院长
	朱　荻　中国科学院院士，南京航空航天大学教授
	王国彪　天津大学执行院长
	单忠德　南京航空航天大学校长

李涤尘　西安交通大学，国家重点实验室主任

专家推荐词

微观磨损不仅是微纳机电系统应用中的关键问题，更已成为纳米制造的共性基础问题。当前微观磨损研究注重材料磨损性能的表征，缺乏对原子级材料去除机理的深刻认识。

问题描述

微观去除／磨损研究是在原子、分子尺度上揭示摩擦过程中表面相互作用、物理化学变化及损伤，旨在实现材料的可控去除以及摩擦过程中无磨损。目前，信息、生物、先进制造、航空航天等高新技术领域的微型化趋势极大地促进了微纳系统的发展，催生出一批高性能的微纳机电系统出现。然而，由于表面和尺寸效应，微观磨损已成为微纳机电系统长期可靠服役的巨大障碍。另外，随着核心零部件的持续微型化以及关键功能的高度集成化，先进制造对功能结构或表面的加工质量与精度要求变得越来越苛刻。例如，超精密光学元件和半导体芯片制造需要实现纳米级甚至亚纳米级的表面精度加工，高端装备以及尖端武器装备中核心金属零部件的加工精度和表面完整性直接影响其服役性能和使用寿命。超精密表面制造的实质是实现原子尺度表面材料的可控去除，而超精密制造的最终精度取决于原子级材料可控去除的加工极限。因此，微观磨损／去除不仅是微纳机电系统应用面临的关键问题，更已成为纳米制造的共性基础问题。

纳米摩擦学发展至今 20 余年，已有的微观磨损研究注重材料磨损性能的表征，缺乏对原子尺度材料可控去除机理的深刻认识。针对这一问题，首先需要研发相应的摩擦能量耗散测试仪器，以精确地探测微观磨损

过程中的能量耗散途径和规律，构建微观磨损过程中各变量与原子级材料去除的量化模型，实现材料磨损 / 去除的准确预测；其次需结合先进的数值模拟方法，揭示量子摩擦等对微观磨损的影响机制，基于量子力学研究磨损机理，开展量子磨损研究；最后，还需要通过多能场协同作用精确地调控材料的微观去除过程，实现材料表面的极限精度加工，如单层原子甚至单个原子的可控去除。当以微米精度为代表的传统制造转向纳米 / 亚纳米精度制造时，相关理论基础将以分子物理、量子力学和表面 / 界面科学为主导。许多纳米加工的机理不明，包括原子 / 分子迁移机制、能量传递机制、表面 / 界面效应等。由于亚纳米精度表面制造的基础科学问题（如磨损起源、能量耗散、原子可控去除等）没有得到解决，极大地制约了超精密制造水平的进一步提升。

微观磨损 / 去除研究是在原子、分子尺度上揭示摩擦过程中表面相互作用、物理化学变化及损伤，旨在实现原子级材料的可控去除甚至无磨损的摩擦。

问题背景

随着功能器件和核心零部件的持续微型化以及关键功能的高度集成化，微观磨损 / 去除不仅是微纳机电系统应用面临的关键问题，更已成为纳米制造的共性基础问题。

最新进展

当前微观磨损研究注重材料磨损性能的表征，缺乏对原子尺度材料可控去除机理的深刻认识。针对这一问题，首先需要精确地探测微观磨损过程中的能量耗散途径和规律，实现材料磨损的准确预测；其次需结合先进的数值模拟方法，揭示量子摩擦等对微观磨损的影响机制，基于量子力学研究磨损机理，开展量子磨损研究；最后，还需要精确地调控材料的微观去除过程，实现材料表面的极限精度加工。

重要意义

开展针对材料表面的原子尺度去除行为和机理研究，不仅有助于探明外界能量与固体材料原子级去除之间的映射关系，揭示材料表面原子剥离过程中的机械化学耦合作用机制，实现超精密表面的极限精度加工，也有助于在准确预测材料磨损／去除的基础上实现无磨损的摩擦，大幅拓展微纳机电系统的应用领域。

8 如何全方位精准评价城市综合交通系统及基础设施韧性？

英文题目　How to Comprehensively and Accurately Evaluate the Resilience of Urban Integrated Transportation System and Infrastructure ?

所属领域　地球科学（含深地深海）

所属学科　交通运输工程

作者信息　李兴华　同济大学中国交通研究院

　　　　　　李　辉　同济大学

推荐学会　中国公路学会

学会秘书　王玉滴

中文关键词　城市交通韧性；综合交通系统；交通基础设施韧性；评价方法

英文关键词　Urban Transportation Resilience；Integrated Transportation System；Transportation Infrastructure Resilience；Evaluation Methodology

推荐专家　汪双杰　中国交通建设集团有限公司全国勘察设计师

　　　　　　赵祥模　西安工业大学校长、教授

　　　　　　陈济丁　交通运输部科学研究院副院长、研究员

王笑京　交通运输部公路科学研究院原总工、研究员

谭忆秋　哈尔滨工业大学交通学院院长、教授

专家推荐词

城市综合交通系统及基础设施韧性是关系到城市整体发展效率和安全水平的科学问题，应提前谋划，建立评价指标体系，实现全生命周期的精准量化评价。这将有助于提升综合交通应急保障技术水平，满足社会经济快速稳定发展需要。

问题描述

交通运输系统及基础设施体系作为灾难降临时城市的生命线，必须具备强有力的韧性，以保障城市的正常运转。极端自然灾害、公共卫生事件、重大安全事故等频发风险扰动使城市的平稳健康发展面临严峻的挑战，现有城市综合交通系统及基础设施体系缺乏韧性，将难以保障国家的长治久安、经济的高速发展与社会的持续稳定运行，建设具有韧性的城市综合交通系统和基础设施体系势在必行。

何为交通韧性的问题在国内外已有较多的研究，并已基本达成共识。即综合交通系统及其基础设施在极端条件下具备抵御扰动、消纳扰动以及灾后恢复的能力。在此基础上，韧性交通研究的关键问题便是交通系统是否具备充足的韧性，即交通韧性的评价。建立一个全面精准的韧性评价体系不仅可以为城市综合交通规划、建设提供科学的理论支持，同时可为城市整体韧性提升指明路径。因此，如何全方位精准地评价城市综合交通系统及基础设施韧性是韧性城市规划建设过程中承上启下的关键问题。

近年来，全球极端自然灾害（暴雨、洪涝、台风、地震）、公共卫生事件、重大安全事故（交通事故、基础设施级联失效）给城市带来严重损害和惨痛代价，促使各有关方面深刻反思如何从根本上把握城市韧性状态、消除薄弱环节、增强抵御能力。城市交通系统及基础设施体系作为城市的生命线，是韧性城市建设中最为基础、关键的核心网络。建立交通韧性评价体系是量化城市交通抵御力、自愈力和恢复力的关键环节，也是目前韧性交通系统规划设计、建造和协同管控中亟待解决的关键问题，对城市韧性赋能具有重要的战略意义。

问题背景

在当今经济社会快速发展和国际经济形势瞬息万变的大背景下，大国稳健发展的核心是保障城市社会经济的平稳、高速运转。随着各级城市的快速发展和自然条件、社会环境的剧烈变化，城市在高效运转的同时面临着频繁、严重的自然与人为灾害风险。

国家特别强调坚持统筹发展和安全的方针，要求把安全发展贯穿国家发展各领域和全过程，防范和化解影响我国现代化进程的各种风险，筑牢国家安全屏障。《交通强国建设纲要》提出"提升本质安全水平，完善可靠、反应快速的安全保障体系"，《国家综合立体交通网规划纲要》和《"十四五"现代综合交通运输体系发展规划》提出"加快重点地区多通道、多方式、多路径建设，提升交通网络系统韧性和安全性，提高交通网络抗风险能力和交通基础设施适应气候变化的能力"。大规模的城市交通建设应不再只追求数量和容量，而应将韧性发展的理念贯彻到城市综合交通体系规划、建设、运营的全过程，建立具有韧性的综合交通运输系统和基础设施体系是未来城市稳健发展的重要基础。

最新进展

目前国外对于典型扰动场景下，城市交通简化路网的韧性模拟研究较为丰富，其研究成果在我国城市的适用性和实用性差，针对基础设施韧性的研究比较匮乏。国内的研究历史较短，多以理论研究为主，实践应用研究还处于起步阶段，目前关于城市综合交通系统的韧性评价体系还没有形成健全的理论框架，构建的指标体系应用范围较为有限，指向性强，综合性弱，缺乏严密的科学分析及检验。未来韧性交通发展的关键难点在于系统模式的综合化、风险响应体系的耦合化及韧性评估目标的多样化。

第一，在交通系统韧性研究上模式的综合性不够。目前的韧性研究多针对单一交通模式的几何网络，描述其内部的韧性特征与因素，提出相应评价方法，缺少对于基础设施具体条件的考虑。城市真实交通网络错综复杂，各层交通网络点点相接、各类交通模式环环相扣，单点的异常会迅速影响全局。因此以物联网、大数据、移动互联等技术为驱动，探索综合交通系统网络的协同治理方法，全方位、立体化地评价交通综合韧性是重要的研究发展趋势。

第二，在风险管控韧性研究上体系的耦合性薄弱。现有研究大部分是针对雨洪、地震等灾害的单独影响。现实中地震及海啸等典型灾害，极易引发次生灾害，因此多种灾害耦合作用下的交通韧性亟须研究。如何从时空角度研究交通系统灾前、灾中、灾后的韧性动态演变机理，厘清多种灾害耦合作用的影响、交通系统与基础设施的耦合机制以及各个响应主体的耦合协同机制，是未来韧性研究的关键。

第三，在韧性评估体系研究上目标的多样性不足。现有的关于低碳城市、海绵城市等研究只关注韧性中的单一方面。虽然上述领域韧性评价理论众多，但由于目标单一，应用于韧性综合评价体系仍存在局限。探索出一套涵盖社会、经济、环境等多维度的交通系统及基础设施韧性全方位综合评价体系，对韧性交通理论的实践应用具有重要意义。

重要意义

建立城市综合交通系统及基础设施韧性评价体系，实现规划—设计—运行全周期城市交通网及基础设施韧性的精准量化评价，打通理论体系与规划建设之间的障碍，这将为城市系统有序的韧性建设提供科学依据，助力创新城市风险评估机制，提升城市经济韧性，保障城市经济快速稳定发展。同时，提升城市安全形象，增强公众信心，维护城市和谐高效运转，将有助于提升综合交通应急保障水平，推动城市整体韧性提升，保障社会经济快速稳定健康发展。

9

宇宙中的黑洞是如何形成和演化的？

英文题目　How do the Black Holes in the Universe Form and Evolve?

所属领域　数理化基础科学

所属学科　天文学

作者信息　陈　弦　北京大学

　　　　　　稻吉恒平　北京大学

　　　　　　苟利军　中国科学院国家天文台

　　　　　　黄庆国　中国科学院理论物理研究所

　　　　　　江林华　北京大学

　　　　　　王　然　北京大学

推荐学会　中国天文学会

学会秘书　谢　洁

中文关键词　黑洞；宇宙；望远镜；引力波

英文关键词　Black Hole；Universe；Telescope；Gravitational Wave

推荐专家　吴学兵　北京大学教授

专家推荐词

黑洞是宇宙中最神秘的天体。随着对恒星级黑洞、超大质量黑洞、中等质量黑洞观测的日益丰富，传统的黑洞形成和演化理论受到了挑战。宇宙中的黑洞究竟是如何形成和演化的？探究这一问题有望孕育重大的科学机遇和突破。

问题描述

黑洞是宇宙中最神秘的天体，也是天文学和物理学的重要研究对象。天文学家早在 20 世纪 60 年代就发现了比太阳重几倍到十几倍的"恒星级黑洞"，并在银河系、近邻星系和活动星系中心找到了比太阳重几百万到几十亿倍的"超大质量黑洞"。近几年随着天文观测技术的飞跃，介于两者之间的"中等质量黑洞"也已被天文学家发现。然而，随着观测资料日益丰富，传统的黑洞形成和演化理论也越来越多地受到质疑和挑战。宇宙中的黑洞究竟是如何形成和生长的？三种不同质量范围的黑洞之间存在什么样的联系？如何有效地探测它们？黑洞是否会影响它们赖以生存的天体物理环境？宇宙中是否还存在原初黑洞？对黑洞的研究将如何影响天文学乃至物理学未来的发展？对这些问题的思考有望孕育重大的科学突破。

问题背景

"黑洞"这一概念最早是在 18 世纪提出的。20 世纪初广义相对论建立后，黑洞被证明是爱因斯坦场方程的解，因此理论上是可以稳定存在的。20 世纪六七十年代 X 射线双星的发现和对类星体能源问题的讨论，促使越来越多的天文学家相信宇宙中真的存在黑洞。

随后的研究表明，X 射线双星中的黑洞比太阳重几倍到十几倍，这种

"恒星级黑洞"可能是大质量恒星塌缩形成的。类星体中的黑洞比太阳重几百万到几十亿倍，这样的"超大质量黑洞"很可能由恒星级黑洞或比恒星级黑洞重约百倍的"中等质量黑洞"通过吸积气体或者合并逐渐增长起来的。而"中等质量黑洞"本身也可能是宇宙早期第一代大质量恒星塌缩的产物。

进入 21 世纪后，天文观测技术迅猛发展，与黑洞相关的新观测证据也不断涌现，导致观测和理论之间的矛盾逐渐增多。因此，传统的黑洞形成和演化理论也越来越多地受到质疑和挑战。这种局面往往预示着重大的科学突破即将来临。

最新进展

（1）恒星级黑洞

通过观测 X 射线，天文学家在银河系内找到了几十个恒星级黑洞，并且发现大多数黑洞在高速自转。银河系内大视场光学巡天项目的开展，让我们在光学波段发现了少数处于"质量间隙"（2 ~ 5 倍太阳质量或者 20 倍太阳质量以上）的黑洞候选体。但是最新的星族演化模型估计，银河系内应该有上亿个恒星级黑洞，远远多于目前观测到的数目。2015 年以来，引力波窗口的打开让我们探测到了接近一百例双黑洞合并事件。这些黑洞的质量一般是太阳的三到四十倍，有的甚至在合并前就达到了太阳质量的100 倍，远远高于银河系内已探测到的黑洞的质量。

未来的关键难题包括：恒星塌缩形成的黑洞究竟有多重，是否和金属丰度有关，恒星级黑洞能否增长，与自旋是否有关，如何测量引力波黑洞的自旋并区分它们的形成途径，银河系内的大多数黑洞是以什么样的形式存在的，如何更有效地探测到它们。

（2）超大质量黑洞

宁静星系中心普遍存在超大质量黑洞是近二十年来天文学的重要发现之一（英国科学家罗杰·彭罗斯、德国科学家赖因哈德·根策尔和美国科学家安德列娅·盖茨因在黑洞研究方面的贡献获得 2020 年诺贝尔物理学奖）。依靠天文望远镜的高空间分辨能力和高灵敏度，人们已经能够用动力学方法测量部分黑洞的质量，并且用射电干涉方法直接拍摄了近邻星系 M87 中黑洞的照片。结果表明，黑洞的质量与星系的整体形态以及物理性质高度相关。这意味着在跨越八到九个数量级的空间尺度上，超大质量黑洞能与其宿主星系相互作用并共同演化，但其内在物理机制仍不清楚。与此同时，天文学家还发现了一批高红移类星体，表明比太阳重几十亿倍的超大质量黑洞已经存在于 130 亿年前的宇宙。但根据传统理论，宇宙早期第一代恒星形成的黑洞很难在几亿年内通过吸积物质增长到观测到的质量。

未来的关键难题包括：第一代黑洞的种子有多大质量，它们是如何形成和增长的；是否存在吸积率极高的超爱丁顿吸积；黑洞的活动如何影响宿主星系的形态和物理性质；如何探测种子黑洞；如何探测超大质量黑洞合并产生的引力波；如何利用这些引力波检验星系的形成与演化理论。

（3）中等质量黑洞

质量在几千到几万倍太阳质量的中等质量黑洞在观测上非常罕见。近十年中，人们已经通过动力学方法在低质量星系的核心找到了一些中等质量黑洞候选者。此外，在一些星系核区以外新发现的极亮 X 射线源也被认为可能是"游荡"的中等质量黑洞。但这些解释目前还存在争议。在通过引力波探测发现的黑洞中，个别黑洞在合并后质量接近太阳的两百倍，因此被认为是中等质量黑洞的前身。这表明探测引力波是证明中等质量黑洞存在的有效方法之一。

未来的关键难题包括：中等质量黑洞是如何形成的；为什么在观测上如此罕见；中等质量黑洞与恒星级黑洞、超大质量黑洞有何关系；寻找中等质量黑洞的最佳方法是什么。

（4）原初黑洞

理论上，黑洞还可以在宇宙早期由大的密度涨落导致宇宙塌缩而形成，这种黑洞被称为原初黑洞。近年的理论研究表明，它们的质量可以分布在一个很广泛的范围，因此原初黑洞既可以作为"种子"来生长出超大质量黑洞，又可以用于解释地面引力波探测器发现的恒星级黑洞。由于较重的原初黑洞几乎不发光，因此也被认为是宇宙中冷暗物质的一个重要候选者。

未来的关键难题包括：原初黑洞是否是冷暗物质的全部或者重要组成部分；观测上如何区分原初黑洞和天体物理黑洞；伴随原初黑洞形成而产生的诱导引力波有多强，并且如何探测。

重要意义

进一步研究黑洞的形成与演化，能让我们在大质量恒星结构和演化、超新星爆发机制、双星演化、星团动力学模型、吸积盘物理、喷流形成机制、星系形成与演化理论、金属元素在星系和宇宙中的扩散、宇宙再电离过程等方面取得新的突破，从而极大地丰富甚至从根本上改变天文学的基本图像和基础理论。

此外，对黑洞的研究还将继续为物理学基础理论，尤其是强引力场中的物理、暗物质本质、普朗克能标下的物理、量子引力理论等方面，带来新的启示。

预计未来五到二十年，我国的"慧眼"X射线望远镜、"天眼"射电望远镜阵列、"拉索"宇宙线和伽马射线观测站等，以及正在建设或规划中的中国空间站工程巡天望远镜、爱因斯坦探针 X 射线巡天望远镜、下一代 X 射线望远镜 eXTP、大型光学红外望远镜、"太极"和"天琴"等空间引力波探测项目，都将在黑洞形成与演化领域大有作为。

10 制约海水提铀的关键科学问题是什么?

英文题目 What Are the Key Scientific Problems Restricting the Extraction of Uranium from Seawater?

所属领域 资源能源

所属学科 核燃料与工艺技术

作者信息 陈树森　核工业北京化工冶金研究院

李子明　核工业北京化工冶金研究院

推荐学会 中国核学会

学会秘书 刘思岩

中文关键词 海水；铀；吸附；抗生物附着

英文关键词 Seawater；Uranium；Absorption；Anti-Bioadhering

推荐专家 牛玉清　核工业北京化工冶金研究院，中核集团首席专家

专家推荐词

海水是非常规铀资源中最具应用前景的资源，但海水提铀技术仍面临着众多挑战，迫切需要研发新型高效提铀材料与创新工艺方法，加速推动实现海水提铀，为核能事业可持续发展提供充足核原料保障。

问题描述

海水提铀研究是前沿性科学问题，如何将海水中难利用的、巨大量级的铀资源变为经济可采是一个挑战。随着高分子材料学科迅猛发展、工程技术等领域的不断进步，实现海水提铀未来可期，但目前未达到工程化水平。海水提铀亟须解决海水中铀赋存状态/材料功能基与铀作用机理、低成本高效提铀材料制备、低能耗提铀实施方式、技术与经济评价标准体系建立等关键科学问题。

问题背景

天然铀是国家战略资源，是国家核力量的重要物质基础，也是国家核能发展的"粮食"，关系国家安全。海水中铀资源丰富，总量高达 45 亿吨，是陆地已探明铀矿储量的近千倍。但从海水中提取铀是十分困难的事情，需要处理大量海水。目前海水提铀面临的主要问题是：① 海水中铀浓度极低，仅为 3.3μg/L；② 海水中干扰离子浓度高且组成复杂；③ 海洋生物附着问题严重。研究人员针对海水提铀关键核心问题开展了广泛的研究，但目前仍没有经济可行的海水提铀工程技术方法及相关理论研究依据，实现海水提铀依旧任务艰巨。

最新进展

2000 年前后，日本采用多次锚定吸附方式获得了约 1kg "黄饼"。2010 年后，美国组织开展了海水提铀试验研究，涉及机理研究、材料研制及性能测试，各个科研机构明确分工、协同配合。与此同时，我国国内多家科研单位也开展了海水提铀研究，材料研发达到国际先进水平。目前研究最为广泛、试验效果最好的是偕胺肟基吸附材料。2019 年，上海应用物理研究所利用辐射诱导和化学引发接枝的自组装，制备了三维分级多孔、高比表面积偕胺肟基修饰纤维材料，在海砂过滤的海水中吸附容量达到了每克材料 11.5mg 铀。2020 年，海南大学通过纺丝技术将嵌合体蛋白纺成了水凝胶蛋白纤维，在经过 $0.22\mu m$ 滤膜过滤的海水中进行三天吸附实验，材料铀吸附容量达到每克材料 17.45mg 铀。然而，包括以上材料在内的绝大部分海水提铀材料的制备成本高，采用外加干预方式海水提铀的动力消耗大，导致海水提铀整体成本较高。

海试研究方面，核工业北京化工冶金研究院针对盐湖（古海水）高盐度、低铀浓度的特征，研制出了抗生物附着甲基异噻唑啉酮基 MIT 功能材料，具有良好铀吸附性能，并具有明显抗生物附着特征；在西藏达则措盐湖中的材料吸附容量达到每克材料 7.10mg 铀，试验过程中获得了 300g "黄饼"。这一盐湖提铀研究结果是在国内外盐湖提铀领域首次报道。2021 年，该研究团队在南海海域进行海水提铀现场验证试验，吸附材料中吸附容量最高为每克材料 4.10mg 铀。2020 年，中科院高等研究院将静电纺丝丙烯腈改性聚乙烯纤维膜做成膜组件，在南海海域开展海水提铀现场试验，材料吸附容量在 1.5～6.0mg 波动，并获得 500～600g 铀初级产品（铀含量约 0.7%）。

综上所述，国内外在海水提铀方面取得了一定的研究进展，但海水提铀成本仍高于现天然铀市场价格。随着高分子材料学科迅猛发展、工程技术领域的不断进步，突破海水提铀"瓶颈"，实现海水提铀未来可期。海水提铀需研究的关键问题如下。

（1）海水提铀相关机理尚待明确

多重干扰条件下海水中铀赋存状态不清楚。海水中离子强度高，大量竞争离子条件下提取极低浓度铀是挑战。可借助计算机模拟与计算对海水中多重干扰条件下铀的赋存形态进行基础研究，形成复杂情况下铀的赋存状态理论。特定材料功能基团与海水中铀作用机理不明确。探究材料功能基团与海水中铀的作用机理，指导相应功能基团的分子结构设计及吸附材料合成，实现高效快速铀吸附。

（2）高效海水提铀材料制备技术尚待突破

海水提铀材料的有效吸附容量有待提高，且有些吸附材料的制备成本也比较高。研发高效提铀材料，实现吸附材料的精准合成，提高材料抗生物附着性能与铀吸附效率。同时，有效控制材料规模化制备影响因素，批量化制备吸附材料，降低成本。

（3）低能耗海水提铀实施方式尚待验证

采用泵入并加滤膜过滤的方式进行海水提铀，增加了海水提铀成本。而锚定吸附方式，能够充分利用潮汐能使海水与材料充分接触实现对铀的富集，但采用锚定吸附方式需要面对微生物附着难题。开发验证低能耗海水提铀实施方式，可与其他海洋资源开发技术耦合，提高资源利用率，降低提铀成本。

（4）海水提铀评价标准体系尚需建立

目前，国内外尚未形成统一的海水提铀材料性能评价标准。海水提铀材料性能测试标准不统一，难以判断海水提铀的技术状态和研究水平。推动海水提铀材料在吸附、淋洗等性能测试形成统一标准，可使得海水提铀的技术状态、研究水平具有可比性。海水提铀经济评价标准也亟须建立。结合国内外海水提铀技术的研究成果、工程化试验方法的发展和实践经验的总结，并综合考虑海水提铀现场条件试验过程中材料的吸附效率、装置及运行方式、燃料动力等指标分配权重，构建海水提铀技术经济性评价标准。

重要意义

海水提铀技术创新及工程化研究可支撑和引领海水提铀技术发展，为国家核能事业可持续发展提供铀资源保障。突破海水提铀研究"瓶颈"，推动实现海水提铀技术，具有重要的战略意义。

（1）对实现海水提铀等科技创新具有重要意义

创新是当今时代的重大命题，海水提铀技术创新是推动海水提铀工程化的关键。通过开展海水提铀研究推动海水铀资源开发的新理论、新材料、新技术和新方法的探索，深化铀分离回收机理研究，加大对复杂条件下的非常规铀资源开发技术研究、铀分离专用材料和设备研究，可拓宽资源开发的新思路，发展和完善非常规铀资源开发利用的创新技术体系。

（2）对实现铀资源供应自主化具有重要意义

和平年代，核力量依然是国家防务的战略支柱，是国家安全的战略基石。此外，能源一直是世界发展的基础与保障。我国《"十四五"能源领域科技创新规划》中提到，要"积极安全有序发展核电"。基于铀的稀缺性和战略价值以及铀矿产资源的有限性，海洋中铀资源的利用可增强我国铀资源供应能力，支撑保障核能事业稳步发展。

（3）对推动实现海洋强国国家战略具有重要意义

海洋中除了含有大量铀资源外，蕴藏有石油、天然气、煤等化石能源，以及其他如海滨矿砂、可燃冰等资源；此外，海水中还蕴含有几十种具有潜在开发前景的金属资源。海水提铀技术的发展，不仅有利于海水中铀资源的开采与利用，保障核工业"粮食"的充足供应，同时通过与其他海洋资源开发技术相结合，进行海水中矿产资源提取技术的复制与迁移，推动海水中其他矿产资源的开采、提取研究工作，可实现海洋矿产资源一体化开发与利用，助力国家海洋强国战略的实现。

（4）对培养科技创新专业人才队伍具有重要意义

科技创新需要人才，铀资源开发也主要依赖人才，特别是高端的海水提铀技术人才。海水提铀科技研发有助于培养学科带头人和高级铀分离技术人才，可通过科研创新带动人才队伍建设，进一步推进与加速青年科技人员成才，锻造科技创新人才队伍，为海水提铀技术创新、可持续发展提供有力的人才支撑。

工程技术难题篇

1

如何突破我国深远海养殖设施的关键技术？

英文题目 How to Break Through the Key Technologies in Far-Reaching Marine Aquaculture Facilities of China?

所属领域 农业科技（含食品）

所属学科 水产工程学

作者信息 黄天晴　中国水产科学研究院黑龙江水产研究所

推荐学会 中国水产学会

学会秘书 邱亢铖

中文关键词 深远海养殖；水产养殖；虹鳟；渔业设施

英文关键词 Deep Ocean Cage；Aquaculture；Rainbow Trout；Fishing Facilities

推荐专家 王炳谦　中国水产科学研究院黑龙江水产研究所遗传育种与生物技术研究室主任

专家推荐词

突破深远海养殖设施面临的关键技术难题，对探索新时期产业发展的路径，向深远海拓展养殖区域，减轻近海养殖的环保压力，加快推进水产养殖业向智能化、装备化和科技化发展，以及产业转型升级具有重要意义。

问题描述

目前，我国深远海养殖设施亟须研究以下五项关键技术。

（1）网箱载荷评估技术。同传统的船海装备不同，大型养殖网箱作为一种透水结构物，除了要考虑其主体钢制结构，还需要考虑其超柔细网衣所遭受的浪流载荷。国内外对于极端台风条件下网衣水动力载荷变化规律及其影响机制的认识还极为欠缺，大型网箱及网衣系统安全设计缺乏可靠的理论依据。

（2）网衣系统与钢制平台连接技术。超柔性的网衣系统与高强度的钢制平台之间的刚—柔复合连接系统设计，涉及连接器设计、预紧力施加及长期精准调控等一系列技术难题，当前仍不成熟，导致事故频繁发生。

（3）网箱锚泊定位技术。我国所说的"深远海"水深一般在三五十米，且台风频发，这种浅水及台风条件下的定位系统设计，是世界性的难题之一；此外，黄渤海域地质复杂，呈明显分层特征，会导致坐底式基础的不均匀沉降等风险；而且，不同于油气资源开发，深远海养殖业必须高度关注锚泊定位系统的综合成本，即综合考虑经济性给网箱定位系统的设计带来了更大的挑战。

（4）养殖装备腐蚀和生物污损监测及预警技术。当前国内海洋工程领域在养殖装备结构防污抗腐方面存在缺少绿色防污技术、研发能力不足、静态防污效果较差的问题。尤其是在浪花飞溅区全生命周期长效防腐、绿色环保防污、腐蚀监检测、生物污损附着后的清除技术等方面，这将对养殖结构运维成本产生重大影响，甚至影响网箱使用寿命。如何实现养殖装备高效绿色防污抗腐和生物污损监测及预警为亟待解决的技术难题。

（5）智能化管控设备国产化技术。深远海养殖远离海岸，单设施养殖规模大，无法用传统模式进行运维，必须实施智慧化管控。然而，当前大型洗网机器人、智慧投饲系统等核心配套装备国产化率不足40%，严重依赖于国外进口。

突破以上瓶颈技术难题，可为深远海大型养殖设施安全设计以及高效养殖管控提供核心保障，符合我国海水养殖产业发展升级的主攻方向和国家海洋强国战略重大部署，能够带动渔业产业实现新一轮创新和发展浪潮。

问题背景

深远海养殖网箱研发与应用最早的国家有挪威、日本、美国等一些发达国家，典型深海网箱有挪威 AKVA 公司高密度聚乙烯圆形网箱、日本的浮绳式网箱和美国的碟形网箱。挪威的大型深水网箱是世界上最先进、最典型的，已在全世界相应海域国家申请专利，几乎垄断了深水网箱式养殖平台的设计技术及运营市场。近年来，挪威提出的多型深远海网箱式养殖平台模型，共同特点是采用大型钢结构，高度自动化、智能化，并且多与我国海洋工程装备建造企业展开合作，其中比较成功的两个案例是"海洋渔场一号"和"JOSTEINALBERT 号"深远海养殖网箱平台。"海洋渔场一号"是世界首座半潜式智能网箱养殖平台；"JOSTEINALBERT 号"是由挪威 Nordlaks 公司进行概念设计，中集来福士海洋工程有限公司进行基础设计、详细设计和总装建造的船型网箱养殖平台。

我国的深水网箱养殖起始于 1998 年海南省临高县从挪威引入的全浮式高密度聚乙烯重力网箱。之后，浙江普陀、广东深圳、山东威海、山东

青岛及浙江瑞安等地相继引入，浙江嵊泗引进了美国制造的碟形网箱，并着力国产化。

最新进展

目前国内深远海网箱养殖较为成功的案例包括："长鲸一号""深蓝一号""经海系列""德海一号""振鲍一号""振渔一号""澎湖号""海峡一号"等，以上设施装备为坐底式、半潜式或浮式深远海智能化养殖网箱，配备自动投喂、水下监测、自动洗网等设备，实现了网箱平台养殖的自动化、智能化，为我国深远海水产养殖提供了前进动力，并实现了节能环保。

重要意义

海水养殖向外海、大型化方向发展是国内外海水养殖的共同趋势。发展深远海养殖对于拓展养殖海域，减轻环境压力，促进产业转型升级起到积极的推动作用，有利于进一步加快我国水产养殖业绿色发展进程、拓展海洋经济空间载体、优化海洋开发空间格局、促进海洋高新技术发展、培育海洋产业新动能。

2 如何实现我国煤矿超大量三废低成本地质封存及生态环境协同发展?

英文题目 How to Realize Low-Cost Geological Storage of Super Large Amount of Three Coal Mine Wastes(Solid, Liquid and Gas) and Eco-Environmental Synergistic Development in China?

所属领域 生态环境

所属学科 矿山工程技术

作者信息 赵　康　生态环境部固体废物与化学品管理技术中心

朱开成　中煤国地控股有限公司

田向勤　生态环境部固体废物与化学品管理技术中心

严雅静　生态环境部固体废物与化学品管理技术中心

盛新丽　中煤地生态环境科技有限公司

聂晶磊　生态环境部固体废物与化学品管理技术中心

推荐学会 中国环境科学学会

学会秘书 刘　婷

中文关键词 生态环境；地质封存；煤基固废；二氧化碳；

英文关键词　Eco-Environment；Geological Storage；Solid Waste of Coal-
Based；Carbon Dioxide

推荐专家　胡华龙　生态环境部固体废物与化学品管理技术中研究员
　　　　　　王　伟　清华大学教授
　　　　　　李秀金　北京化工大学教授
　　　　　　汪群慧　北京科技大学教授
　　　　　　王恩志　清华大学教授

专家推荐词

陕西、甘肃、宁夏、内蒙古、新疆地区是我国最重要的煤电化基地，矿山固废、废水、废气（二氧化碳）大量排放，但目前处理方式存在规模小、成本高、地面存放难等问题，亟须寻找新途径（如深部咸水层、采空区等），实现矿山三废（固、液、气）的特大量、低成本地质封存与生态环境协同发展，同时可建立系统封存理论与耦合体系，有效降低三废处理成本。

问题描述

陕西、甘肃、宁夏、内蒙古、新疆地区是我国最重要的煤电化基地，矿山固废、废水、废气（二氧化碳）大量排放，但目前处理方式存在规模小、成本高、地面存放难、对地表生态环境污染和破坏大等问题，急切需要因地制宜、寻找新的途径（如利用深度大于 2000m 的咸水层、深度大于 900m 的关闭矿井采空区等），实现矿山三废的特大量、低成本地质封存，将固废处理成本降低 30%，废水处理成本降低 60%，二氧化碳处理成本降低 50%。建立系统封存理论与耦合体系，对解决我国煤矿超大量三废低成本地质封存问题具有重要价值，对促进生态文明建设意义重大。

问题背景

煤炭开采和加工、生产过程中产生的三废主要是：煤矸石，煤泥；矿化度高、含悬浮物、含酸（碱）性或含特殊污染物的矿井水，煤泥水，工业废水等；矿井瓦斯和锅（窑）炉产生的烟尘（气）等。而其中又以三废（废矸、废水、废风）带来的环境污染问题更为突出。治理三废污染一直是困扰煤矿的重点技术难题，是阻碍经济建设和生态环境保护协同发展的瓶颈。

我国是煤炭生产与消费大国，每年产生的煤矸石占煤炭生产量的10%~25%，年排放量超过8亿吨。煤矸石作为煤炭生产的附属固体废弃物，大量排放到地面形成矸石山，不仅占用土地，而且对周边居民健康和环境造成危害。2020年，我国产生7.95亿吨煤矸石，针对煤矸石的综合处理，国内外已经研发了包括煤矸石发电、铺路、生产化工原料等方面的地面处理方法，以及煤矸石充填的井下处理方法，但是煤矸石综合利用率不足30%；并且随着我国煤矿大型现代化矿井建设的推进，以及开采深度增加，煤矿排矸呈集中化、高产化和规模化的发展趋势，现有的煤矸石处理技术已经不能满足煤矸石处理的要求。目前我国煤矸石的处理与利用技术不完善，对环境污染仍旧较严重。所以，应当对煤矸石的处理和利用加以重视。

根据有关研究资料，矿井每开采1吨煤炭需要排放约2吨矿井废水。若将煤炭生产过程中产生的废水直接排放，不仅会造成水资源的极大浪费，而且也会给矿区生态环境带来不利影响，其中尤以高矿化度矿井水危害最为显著。主要表现为河流水含盐量上升、土壤次生盐碱化、农作物减产等。同时还影响地区的工业生产，由于较多工业生产不能利用高含盐量的水，若用则必须先降低水中含盐量，这样就会增加成本。高矿化度矿井水是指溶解性总固体（含盐量）大于 1000mg/L 的矿井水，我国西部煤炭产区的矿井水大多属于高矿化度矿井水，其含盐主要来源于 Na^+、Ca^{2+}、Mg^{2+}、Cl^- 等离子，而且硬度往往较高，有些矿井水硬度（以 CaO 计算）可达 1000mg/L。硫酸盐和硬度的去除是除盐的难点。

温室气体指的是大气中能吸收地面反射的太阳辐射，并重新发射辐射的一些气体，如水蒸气、CO_2 等。政府间气候变化专门委员会（IPCC）的第三次评估报告指出，近 50 年的气候变暖主要是人类使用化石燃料排放的大量 CO_2 等温室气体的增温效应造成的。工业化以来，大气 CO_2 增加所产生的辐射强迫为 $+1.66 \pm 0.17 Wm^{-2}$，其贡献显著大于该报告考虑的所有其他辐射强迫因子。来自化石燃料使用以及土地利用变化对植物和土壤碳影响所产生 CO_2 排放是大气 CO_2 增加的主要来源。排放到大气中的 CO_2，大约一半在 30 年里被清除，30% 在几百年里被清除，其余的 20% 通常将在大气中留存数千年。在最近几十年里，CO_2 排放持续增加，因此减少大气中 CO_2 排放量是控制全球气候变暖的根本途径。

最新进展

实现科学开采、促进生态环境协同发展，就是要立足于煤炭开采的源头，通过研究科学的开采方法及途径，改变传统采煤工艺对生态环境破坏的现状，最终实现煤炭资源的高效、环保和安全开采，实现煤炭工业的绿色可持续发展。

（1）煤矿地下空间的研究及利用

地下空间是人为开采活动产生的，包括浅部空间与深部空间。目前煤矿地下空间研究主要侧重三个方面：一是用于处理建筑垃圾、固废等；二是对浅部空间进行充填压实，进行土地开发；三是充填开采。目前在山东、广东等地存在利用老采空区处理建筑垃圾的工程；在山东等地通过充填改造城区周边采空区，改良成可开发的建筑用地；在山西、内蒙古、安徽、山东等地采用充填开采方式，释放建筑物下压煤，同时处理固废（粉煤灰、矸石等）。

（2）煤基固废处理研究进展

煤基固废主要包括煤矸石、粉煤灰和化工渣，前两者尤为普遍。目前我国每年产出煤矸石七八亿吨，截至目前累计堆存煤矸石 50 亿吨左右，且以年增两三亿吨速度增加。煤矸石处理方式包括：① 采空区回填或充填。目前为大力推广方式，矸石无须堆放；② 筑基修路；要求煤矸石级配良好，有机质含量不超过 10%；③ 发电；④ 制造建材；⑤ 复垦绿化；⑥ 分级分质利用，制造陶瓷、氯化铝、土壤改良剂。

粉煤灰是燃煤电厂排出的主要固废，每 2 吨煤就会产生 1 吨粉煤灰。2017 年我国粉煤灰产量 6.86 亿吨，同比增长 4.7%，产量高居世界第一；利用量达到 5.17 亿吨，综合利用率 75.37%。粉煤灰主要用作水泥掺合剂（约占综合利用量 38%）、建材深加工（占 26%）、混凝土添加剂（占 14%）。

由于井下充填处理量大、成本低，成为西北地区处理煤基固废的主要趋势，通过这种方式，可利用 30% ~ 50% 的采煤空间，成本比其他处理方式低 30%，效率提高 3 倍以上。通过改变充填目的和工艺、优化充填关键装备、提高充填工作面自动化程度等，发展以处理矸石为目标的煤矸石高效自动化充填处理技术，为煤矸石的集中规模化处理提供了思路。目前中国煤炭地质总局团队，利用覆岩离层注浆技术（图 1、图 2），在国家能源集团、中煤能源集团等开展近十个项目，处理大量煤基固废同时，释放建构筑物下压覆煤炭资源，有效防止地面塌陷变形，实现了资源节约利用与生态环境保护双重目的。

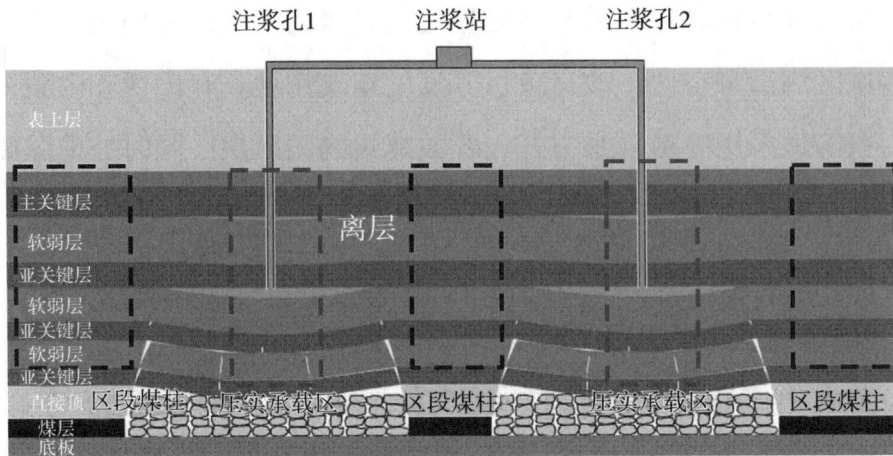

图 1　离层注浆示意图

图 2　离层注浆泵站

　　一些专家鉴于一般开采将矸石堆积在地面而导致采掘深陷以及严重环境问题的情况，提出了一种矸石不出井直接在井下充填的洁净式采掘新技术方式，这样不但能够使矸石山消除，而且可以降低采掘沉陷率，有着理想的经济效益。

《中华人民共和国固体废物污染环境防治法》（2020年修订）明确提出固废物将纳入排污许可管理，煤矸石是我国累计堆存量和年产生量最大的一种工业固废，纳入排污许可管理势在必行。

（3）矿井水处理现状

近些年我国在煤矿高矿化度矿井水深度处理和零排方面取得一定进展：灵新煤矿采用"直滤系统"加"反渗透系统"深度处理工艺和浓盐水井下封存技术，相较于地面处理系统，矿井水井下处理系统不仅实现了井下污水零升井的目标，而且大幅降低了运行成本。同时，利用采空区进行浓盐废水井下封存，也为矿井水处理零排放提供了一条新的路径（图3、图4）；徐庄煤矿采用多介质过滤和活性炭过滤前处理工艺及反渗透的脱盐处理工艺，运行实践表明：工艺合理、稳定可靠、出水水质好、操作管理简单，具有一定的推广应用前景。

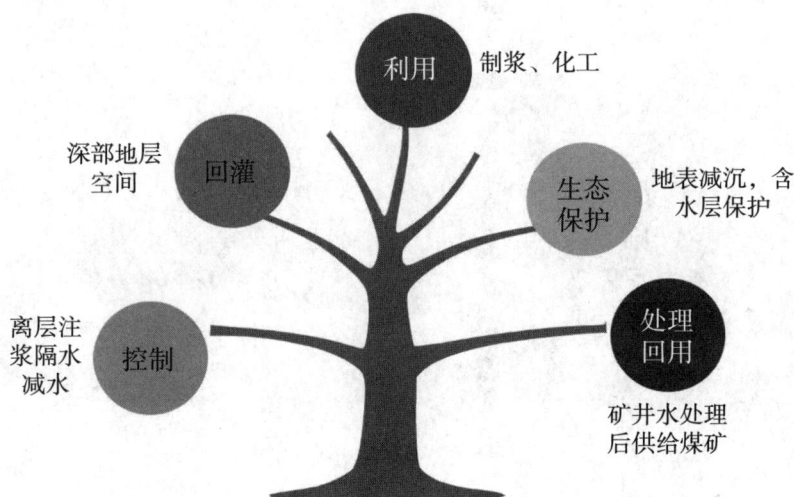

图3　五位一体煤田水害治理及水资源利用保护新途径

图 4　矿井水注水泵站系统

（4）工业 CO_2 处理进展

通过 CO_2 捕获和封存（CCS）技术（图 5）进行电厂脱碳是减少 CO_2 进入大气的一个重要切入点。CO_2 捕获技术则主要有吸收法、吸附法和膜分离法等，其中膜分离法是最有发展潜力的技术。油气田、煤层田以及盐

图 5　二氧化碳高压注入双组泵系统

水层具有长期安全封存 CO_2 的能力，且有巨大的封存容量；吸附法与液化提纯相结合改进型 CO_2 回收技术，是根据 CO_2 分子空间结构、分子极性等性质，选取对混合气体中 CO_2 组分有强于其他组分吸附力的吸附剂，由于混合气体中各组分分子与吸附剂表面活性点的引力具有差异，当混合气体在一定压力下通过吸附床所载的吸附剂时，吸附剂对 CO_2 进行选择性吸收，进而实现对 CO_2 气体的分离、回收。

重要意义

（1）煤基固废地下封存

本研究积极响应国家生态环境政策，在项目实施阶段可将大量煤矸石固废充填至地下空间，使煤矸石回归自然，达到对固废（煤矸石）无害化处理的目的，同时可实现矿井水不外排，减小高矿化度矿井水对地表生态环境系统的危害，对矿区生态环境进行有效保护，实现矿井绿色开采与环境协同发展。

新型覆岩离层注浆与膏体充填。将煤矸石破碎、球磨后的矸石粉制成浆液，通过注浆充填技术注入地下空间，达到固废物（煤矸石、粉煤灰等）无害化处理，形成"离层区充填（灌注）体、关键层、煤柱"构成共同承载体，同时有助于减缓开采过程中的地表沉陷、含水层破坏等灾害，可将地表下沉及地面构筑物变形控制在合理范围，实现对地面蓄水池及运煤环形铁路的有效保护。本技术将延长矿井服务年限，增加就业人数，产生显著的经济效益、社会效益和环境效益，并为矿区解决煤矸石、粉煤灰等固体废弃物处理问题及矿井采空塌陷治理提供有效示范作用。

煤矸石地质封存可利用 30% ～ 50% 的采煤空间，成本比其他处理方式低 30%，效率提高 3 倍以上。

（2）高矿化水深部封存

矿井水井下处理就地复用可节约土地、节省投资，且运行费用低，具有良好的经济效益和环境效益。该技术充分利用了煤矿井下采空区及原有巷道的自然空间储水，节约土地资源，有效解决了地面建设水处理厂征地难的问题。对确保矿井附近居民的用水安全，实现矿区水资源的可持续开发，具有重要的理论和实际价值。在达到"零排放"（浓盐水分盐、分质结晶）的标准下，系统在井下建设时，不必将井下采煤废水全部提升至地面，大大降低能耗。陕西、甘肃、宁夏、内蒙古、新疆等重大产煤区普遍为生态脆弱区，无水网分布，大量高盐水无法综合利用，采用地质封存处理可使处理成本下降 60% 以上。

（3）CO_2 捕获和封存

因地制宜地采用 CO_2 捕获和封存技术，捕获成本较西方下降 20% ~ 30%，封存成本比国际下降 50%。陕西、甘肃、宁夏、内蒙古、新疆煤矿生产基地是西电东送电厂、煤化工等 CO_2 产集区，深层咸水层是良好的 CO_2 封存空间，已有回注水相关工程案例。深度大于 900m 的关闭矿井采空区、生产及废弃石油煤层气孔、华南沿海深层海底等也满足 CO_2 封存条件，可开展固、液、气地质封存协同研究。

综上，建立立体系统封存理论与耦合体系，形成科技指标、环保指标、注入条件、安全指标、经济分析、监控与计量六大评价指标，对解决我国煤矿超大量三废低成本地质封存与生态环境协同发展问题具有重大意义。

3

如何创建心源性休克的综合救治体系？

英文题目 How to Construct A Comprehensive Treatment System for Cardiogenic Shock?

所属领域 生命健康（含医学）

所属学科 重症医学

作者信息 侯晓彤　首都医科大学附属北京安贞医院

推荐学会 中国生物医学工程学会

学会秘书 王　辉

中文关键词 心源性休克；综合救治体系；精准化治疗；区域转诊中心

英文关键词 Cardiogenic Shock；Comprehensive Treatment System；Precision Therapy；Regional Referral Centers

推荐专家 龙　村　中国医学科学院阜外医院主任医师

专家推荐词

心源性休克（Cardiogenic Shock，CS）作为循环系统最严重的临床综合征之一，严重威胁国民健康，给我国医疗经济带来巨大负担。创建 CS

综合救治体系，有助于优化 CS 临床诊疗路径，制定 CS 精准化治疗策略，为首创我国 CS 临床指南奠定基础。

问题描述

心源性休克是一种由左、右或双心室衰竭引起的低心输出量状态，常与多器官功能衰竭相关，具有极高的抢救难度和死亡率，严重威胁我国国民健康，给社会带来巨大的负担。关于 CS 患者的救治一直是临床工作的重点和难点，美国心脏协会 CS 专家共识提出建立以拥有标准化 CS 多学科救治团队为区域转诊中心的 CS 综合救治体系，有助于增加患者抢救的成功概率，改善患者预后。然而，目前我国缺乏此类符合我国国情的 CS 综合救治体系。中国生物医学工程学会体外循环分会对如何在国外 CS 综合救治体系雏形的基础上，创建符合我国国情的 CS 综合救治体系，及未来面临的关键难点和挑战作深入探讨，提出相关建议。

问题背景

CS 患者人数多且不断增加。我国四成死亡因心血管病，而心血管病的终末期绝大部分表现为 CS。其中，急性心肌梗死是 CS 最常见原因，占全部患者的 80%，1 年死亡率近 50%。创建我国的 CS 综合救治体系，将直接挽救更多患者生命。CS 具有极高的抢救难度和死亡率。对 CS 的救治，在处理原发病的同时，主要包括多种药物治疗、综合的监护管理以及先进的机械循环辅助支持。现有的循证医学证据表明 CS 的救治策略和临床预后存在显著的区域差异。患者预后较好的医院大多为位于城市地区，为具有学术影响力，拥有标准化的 CS 多学科救治团队的医疗中心。以此类医院为区域转诊中心，与急救医疗系统相结合，制定明确的早期诊治规范、分级转诊流程和精准化临床治疗策略,能够改善患者预后。目前我国已形成区域卒中联盟或防治网络,但尚缺乏符合我国国情的 CS 综合救治体系。

最新进展

在发达国家,CS 综合救治体系已经初步成型。依据救治能力和水平由低到高,将救治医院分为三级。一级和二级医院要求能够做好诊断、基础给药、有创监测及经皮冠状动脉介入治疗等,但是没有高级生命支持能力,需要向具有成熟专业诊治能力的三级医院转诊;具有成熟专业诊治能力的三级医院即区域转诊中心,具备综合医疗服务、高级治疗技术及相应的硬件支持,包括导管室、急诊手术室、重症监护室、机械循环辅助设备,同时拥有一支由心内、心外、重症等专业医师组成的 CS 多学科救治团队,以确保能够协调和提供所有原因导致的 CS 从复苏到恢复阶段全部的根治性、支持性或姑息治疗。美国心脏协会推荐年收治 CS 至少 100例以上的大型三级医院作为 CS 区域转诊中心首选。非区域转诊中心被称为卫星医院。当患者发生 CS 就近就诊于卫星医院,在启动药物治疗的同时,可通过体系内救援电话启动体外膜氧合(Extra Corporeal Membrane Oxygenation,ECMO),即区域转诊中心全天候值班的专业 ECMO 医师赶赴卫星医院完成 ECMO 建立,在 ECMO 支持下将危重患者转运回区域转诊中心,获得 CS 高质量综合救治,以期达到最佳预后。

未来面临的关键难点和挑战

(1)如何遴选区域转诊中心。

(2)如何搭建以区域转诊中心为核心的全国 CS 综合救治网络平台。

（3）如何制订符合我国国情的 CS 专家共识或临床指南并提高依从性。

（4）如何提高体系内 CS 综合救治团队的建设与培养。

（5）如何解决我国 CS 救治的医保赔付、医疗保险等问题。

（6）如何创建居世界前列的中国 CS 综合救治体系。

重要意义

对本领域或相关其他交叉领域科技发展有重大影响且具引领作用。

打破临床二级学科间的界限，开创 CS 综合救治的专业团队。搭建居世界前列的中国 CS 综合救治体系，建立标准化的分级转诊制度，制订中国 CS 专家共识或临床指南，提高中国 CS 救治团队的专业水平，培养 CS 专科医师，整体改善中国的 CS 救治现状。

重大科技效益

建立全国 CS 数据库，获得流行病学数据。在此基础上不断质控，推进和完善符合我国国情的 CS 综合救治体系；构建多中心、大样本、实时动态信息捕获的 CS 临床队列，利用人工智能算法，构建 CS 高危患者的早期预警体系。同时，筛选鉴定 CS 发生发展过程中特征性多模态数据，绘制 CS 病情演进的动态特征图谱，提出具有中国特色的普适推广性的 CS 分型策略；探索 CS 精准治疗策略，优化临床诊疗路径；研发 CS 的早期快速规范治疗智能支持系统，使得符合我国国情的 CS 综合救治体系走在世界前列。

经济效益

完善的 CS 综合救治体系能够有效地节约患者的总体救治时间、医疗花费，减少不必要转诊带来的经济损失，有效降低救治 CS 过程中医疗资源浪费带来的巨大经济负担。

社会效益

创建智能化、同质化的 CS 临床救治服务体系，在全国范围建立广泛的协作医院网络，将带动协同发展和创新，促进基层和老少边贫地区的 CS 救治水平的提升，提高全国 CS 综合救治团队的培养和建设，优化分级诊疗制度，切实保障全国人民的心血管医疗健康。

4 如何实现全固态锂金属电池的工程化应用？

英文题目　How to Realize the Engineering Application of All–Solid–State Lithium Metal Batteries?

所属领域　先进材料

所属学科　新能源材料与器件

作者信息　朱冠楠　国轩高科未来技术院

　　　　　　潘瑞军　国轩高科未来技术院

　　　　　　申永宽　国轩高科未来技术院

　　　　　　聂　静　国轩高科未来技术院

推荐学会　中国汽车工程学会

学会秘书　陈　敏

中文关键词　全固态锂金属电池；工程化应用；高能量密度；高安全性

英文关键词　All–Solid–State Lithium Metal Battery；Engineering Application；High Energy Density；High Safety

推荐专家　李　骏　中国工程院院士，中国汽车工程学会理事长

　　　　　　欧阳明高　中国科学院院士，清华大学教授

赵福全　清华大学汽车产业与技术战略研究院院长
肖成伟　中国电子科技集团第十八研究所主任
黄学杰　中国科学院物理研究所研究员

专家推荐词

全固态锂金属电池工程化应用属世界性难题，解决此问题不仅能够满足高能量密度和高安全性电化学储能系统的迫切需求，有效地推进我国低碳环保经济发展模式，更能够稳固我国在先进电化学储能技术的领先地位，占据技术发展制高点，防范未来产业链风险。

问题描述

全固态锂金属电池使用高电导率的全固态电解质膜代替传统锂离子电池中的聚合物隔膜及液态电解液，采用锂金属负极代替低能量密度的石墨负极，与高镍／富锂等高能量密度的正极匹配，因此其拥有当前液态锂离子电池体系无法比拟的能量密度及安全性优势，非常有潜力成为下一代高性能电化学储能技术，进一步推动交通电动化及低碳经济的发展。目前，全固态锂金属电池在原材料开发、电芯设计、生产工艺、智能制造、测试评价等环节面临诸多难题。因此，通过国家的战略统筹，加速解决全固态锂金属电池的技术研发和工程化应用等技术难题，提升和稳固我国在先进电化学储能领域的技术研究水平和国际领先地位具有重要意义。

问题背景

随着社会的发展，锂离子电池逐渐从手机电池拓展到医疗电子、电动工具、无人机、通信基站、电动汽车、轨道交通和航空航天等领域，对锂离子电池能量密度的要求越来越高。传统锂离子电池的能量密度极限正在被一步一步地逼近，开发下一代高性能电化学储能技术刻不容缓。在诸多新型电化学储能体系中，同时兼具高能量密度及高安全性的电化学体系并不多，全固态锂金属电池则是其中非常有商业化潜力的候选体系。全固态锂金属电池使用能量密度高、标准电极电势低的锂金属负极，其能量密度有望达到 500Wh/kg（1000Wh/L）以上。同时由于不使用聚合物隔膜及液态电解液，全固态锂金属电池也有望比传统锂离子电池更安全、更耐高温。全固态锂金属电池的高能量密度和高安全性优势使其在交通电动化领域有着无可比拟的技术吸引力，因此成为国内外众多企业、高校和科研院所竞相追逐的研究热点。然而，全固态电池的固固界面和传统液态电池的固液界面存在根本上的区别，锂金属性质又与传统的石墨负极性质迥异，因此无论是技术上的突破还是产业链的塑造上均存在诸多难题亟待解决。

最新进展

通过几十年的研究，不同类型的固态电解质材料（聚合物、氧化物、硫化物、卤化物和锆体水素化合物等）已被成功制备出来，通过材料复合和界面保护等技术的使用，现有固态电解质材料已经能够初步满足实验室原型电池的制作及性能验证。同时，学术界和产业界在此过程中培养了一批拥有固态电解质开发及测试表征能力的技术团队。在未来固态锂金属电池的开发中，固态电解质的开发主要需解决如下问题：① 高离子电导率；② 正极兼容性；③ 锂金属适配性；④ 空气稳定性；⑤ 易批量生产等。

全固态锂金属电池的工程化应用不仅受限于固态电解质的技术开发和产业化，锂金属负极及高镍/富锂正极材料、黏结剂和导电剂等辅助材料的工程化及产业化同样至关重要。锂金属枝晶的生长机理、抑制策略和界面的机械化学稳定性等均需要更深刻的科学理解；正极材料自身的稳定性、包覆/掺杂材料、缺陷和微结构、体积变化等对电化学性能的影响规律需深入研究；如何构筑高效的电子/离子通道、如何使高面容量复合正极保持优良的电化学性能、如何降低循环过程中的外压等问题无一不是固态锂金属电池工程化应用面临的重大技术挑战。

材料开发和工程化方面有了一定的进展，但学术界和产业界在全固态锂金属电池电芯设计、生产工艺、智能制造及测试评价等方面的工程化经验非常有限。大部分学术团队研究停留在小尺寸模型电池的阶段，小部分学术团队和产业界研发团队刚开始小容量软包电池的开发和性能验证，全固态锂金属电池的智能制造设备开发尚未成熟，测试评价数据较少。因此，现阶段加大电芯设计、生产工艺、智能制造设备和测试评价等的研究投入对实现全固态锂金属电池的工程化至关重要且恰逢其时。生产工艺方面，目前已开发出了干法和湿法两大类工艺，但高质量和大产量的生产线还未成型，全固态锂金属电池的产业化道路任重而道远。近期，国外（主要是日、韩和美）几家公司（如丰田、三星和 SolidPower 等）发布了全固态锂金属电池的技术和产业化进展，以及未来计划，让我国研发团队感受到了追赶的压力，我国全固态锂金属电池工程化及产业化推进迫在眉睫。

未来在全固态锂金属电池电芯设计需解决如下问题：① 电芯体积变化；② 降低或消除循环外压；③ 电芯安全性；④ 电芯循环寿命等。生产工艺上重点对如下方向进行攻关：① 电解质膜电导率；② 电解质膜机械强度；③ 正极活性物质含量；④ 正极面容量；⑤ 锂金属负极薄型化；⑥ 电芯内部界面；⑦ 工艺放大；⑧ 工艺环境友好性。智能制造需解决如下制约：① 低固含浆料的涂布设备；② 电解质膜的量产设备；③ 半成品的智能转运；④ 组装及测试设备。测试评价需解决如下问题：① 系统的电化学数据；② 电芯的热失控和热扩散机理；③ 全生命周期的安全性行为等。

材料开发、电芯设计、生产工艺、智能制造和测试评价是实现全固态锂金属电池产业化的五个相互联系、不可分割的环节，亟须从国家层面促进、加强各个环节的合作交流，完善全固态锂金属电池的产业链，实现技术引领。

重要意义

全固态锂金属电池技术有极大的应用潜力，攻克此工程技术难题已迫在眉睫。

5 如何实现高精密复杂硬曲面随形电路？

英文题目 How to Realize High Precision Complex Hard Surface Following Circuit?

所属领域 制造科技

所属学科 电子工程学科

作者信息 石　毅　陕西华拓科技有限责任公司

推荐学会 中国电子学会

学会秘书 赵　琦

中文关键词 曲面电路；随形制造；复杂曲面；高精密

英文关键词 Curved Circuit；Shape Manufacturing；Complex Surface；High Precision

推荐专家 王军波　中国科学院空天信息创新研究院传感技术联合国家重点实验室副主任

专家推荐词

复杂硬曲面随形电路技术的前沿性和革命性已经使其成为全球关注的焦点，由此催生的曲面电路必会引领电子、电气、通信领域的颠覆式

发展。

问题描述

随着半导体技术和印刷电子技术的发展，传统电子电路制造技术已到达瓶颈，为了使电子产品更加微型化、轻量化，曲面电路技术已经成为热点方向，目前的柔性电子及转印技术无法达到在复杂曲面的高精密随形要求。在复杂硬曲面上直接成型高精密随形电路，为电子电路制造带来了颠覆式技术革新和应用解决方案。

问题背景

自 20 世纪 60 年代以来，半导体技术一直是现代信息社会的基石。随着半导体技术的发展，电子产品不断向微型化、轻量化、智能化以及个性化的方向更新换代。然而传统平面电子电路无法满足 5G、智能制造和人工智能时代的灵活性需求。为了突破传统电子电路技术的瓶颈，曲面电路技术成为了热点方向，将电路能够直接成型于产品结构表面，不仅可实现结构功能一体化，还可以使电子产品更加微型化、轻量化。曲面电路不仅具有与复杂曲面随形共存的独特能力，还保留着平面集成电路技术的电子功能。但目前的研究重点依然停留在柔性电子技术以及转印技术方面，无法实现硬材质、具有复杂形状的产品表面直接打印曲面电路。

现有的曲面电路产品主要是在 2.5 维度下完成柔性制造。首先通过传统蚀刻或光刻技术在平面基板上制造电子电路，然后利用柔性基片将其转印至曲面上，不能解决与复杂的弯曲表面相关的基本问题。因为柔性基片大多数的柔性基板是使用平面的几何形状设计的，因此柔性电子必须通过弯曲变形才能使电路附着在产品表面，由于一些产品表面弯曲且形状不规则，因此平面的柔性电子无法和复杂曲面完全贴合。从几何角度出发，当二维空间的曲线扩大到三维空间的曲面时，曲率被分为外在曲率和内蕴曲率，曲面的弯曲仅仅改变了它的外在曲率而不能改变其内蕴曲率，因此，柔性电子即使可以进行弯曲，也不能转化为具有内蕴曲率的复杂曲面上。其次，柔性电子在和曲率变化较大的复杂曲面贴合时，其电子元件在强烈的弯曲或拉伸条件下容易发生断裂。

最新进展

目前国内外一些大学和科研院所（如麻省理工学院、中科院苏州纳米技术与纳米仿生研究所等）都在用三维打印方式进行硬曲面电路研究，但仅停留在实验室阶段。德国 NEOTECH 公司目前可以实现在凸面形状上的电路打印，以色列 Nano Dimension 公司目前可以实现平面多层电路的直接打印。但在具有复杂形状表面（尤其是大曲率凹面）上实现电路直接打印仍然是世界级难题。

我国经过多年的自主创新，首先突破了高端数控系统和五轴联动数控机床的技术难题，并融合多项先进技术，进一步自主实现了关键的压电微滴喷头、电流体微滴喷头、复合控制系统、五轴联动精密机构等，全球首创实现了曲面随形电路技术的核心内容及样机，目前应用于飞机（中国商飞、沈飞、成飞等）、汽车（一汽、吉利等）、高铁（长客、四方等）、船舶（中船、招商重工等）、消费电子（华为、惠普、亚马逊等）、家电（德龙、海信等）等领域。

未来需要针对各融合技术分别进行，并吸收相关的先进技术再优化和提升，重点面向各行业具体需求开展针对效率、质量、可靠性方面的技术提升和工艺优化，分步满足众多行业的具体要求。

为了实现电路分辨率高精密要求，未来需要进一步优化和提升压电和气压驱动式的微滴喷头及高频驱动系统的实现技术以及五轴精密空间运动控制功能，保证曲面电路高精密打印轨迹的更高要求。

重要意义

复杂硬曲面随形电路技术的前沿性和革命性已经使其成为全球关注的焦点，本技术的领先性已经得到相关行业的认可，由此催生的曲面电路必会引领电子、电气、通信领域的颠覆式发展机遇。

复杂硬曲面随形电路技术应用在军机、火箭、导弹等军用飞行器中会直接带来有效减重、减少占用空间、提升可靠性、提高搜索范围（随形天线）等颠覆式功效，所产生的军事影响将远远超过经济范畴。曲面电路还可应用于家电、消费电子、通信产品领域中，尤其是 5G 天线的随形化会成为重要应用。复杂硬曲面随形电路技术的全面应用，将带来更多更新的产业变革和商业模式提升，不仅会促进军民两用相关市场的快速提升，而且可以促进我国的军事工业快速发展并在一定领域超越国外水平建立基础，同时促进军民融合发展。

复杂硬曲面随形电路技术的普及应用，将进一步带动创新设计行业的提升发展，促进设计人员和专业技术人员共同为社会创造更多个性化产品，引发更多的创新创业机遇；深度定制设计和快速制造模式必然促进人们的生活品质逐步提升，并引起生活方式的进一步变革。

6 如何突破高原极复杂地质超长深埋隧道安全建造与性能保持技术难题？

英文题目 How to Break Through the Technical Problem of Safe Construction and Properties Resistant of Super Long Deep Buried Tunnel in Extremely Complex Geology on the Plateau?

所属领域 地球科学（含深地深海）

所属学科 土木工程、道路与铁道工程

作者信息 赵　勇　西藏铁路建设有限公司

晏启祥　西南交通大学

推荐学会 詹天佑科学技术发展基金会

基金会秘书 王　艳

中文关键词 隧道工程；灾变机制；安全控制；性能保持

英文关键词 Tunnel Engineering；Catastrophic Mechanism；Safety Control；Properties Resistant

推荐专家 杜彦良　中国工程院院士

李国良　中铁第一勘察设计院集团有限公司副总工程师

贾利民　北京交通大学轨道交通控制与安全国家重点实验室教授

专家推荐词

该难题以期构建强构造活动区隧道工程安全风险防控与结构性能保持的理论与技术体系。川藏铁路隧道密集，该问题的解决，对构建西藏地区完善的铁路、公路网，推进藏区长足发展和长治久安具有重大的意义。

问题描述

川藏铁路横穿内外动力耦合作用最活跃、最复杂的青藏高原东部地形急变带，隧道群密集，长大深埋隧道众多，这些隧道面临着大位移活动断层位错、强烈大变形、极强岩爆、高温热害、高水压突水涌泥等重大工程地质灾害，隧道建造安全风险极大。与此同时，板块构造运动、自然沉积等作用引起超长深埋隧道周边环境具有显著的空间非均匀性和多相性，部分岩体物理力学特征呈现高度各向异性，严重影响隧道的长期正常服役。为探明川藏铁路深埋超长隧道工程在四高（高海拔、高水压、高地应力、高地温）和两强（强动力扰动和强卸荷）作用下的灾变机理，构建深埋超长隧道工程的安全建造技术体系，构建超长深埋隧道非均匀各向异性自然效应作用下超长深埋隧道的受荷模式及其结构性能劣化模式，亟须开展大型活动断裂带黏滑及蠕滑作用下隧道灾变机制与减震结构、深部复杂软岩损伤时效演化过程与大变形防治、极高地应力岩体能量赋存规律与岩爆控制、高原岩溶和构造带高压水灾变机理与防控、高地温隧道固液气多相耦合传热机理与热害防治、非均匀各向异性自然效应下超长深埋隧道劣化机理与性能保持技术等方面的研究，以解决青藏高原内外动力与工程扰动叠加条件下超长超深埋隧道的建造安全面临的重大风险难题，进而构建极复杂地质超长深埋隧道灾害风险防控理论与安全建造技术体系，形成超长深埋隧道性能保持技术。

问题背景

川藏铁路工程区域处于青藏高原印度板块与欧亚板块相互碰撞的接触带北东侧，全线深大断裂发育、新构造运动活跃、地震频繁强烈、高地应力和高地温热害显著，在印度板块向欧亚板块推挤过程中，板块的缩短、增厚、俯冲、滑脱、掀斜、褶皱、错断等造成了青藏高原东部剧烈的内动力作用，活动构造广布，大震频发，岩体结构破碎；同时，河流深切、冰川广布、季风降雨等形成了青藏高原强烈的外动力作用。地球内外动力强烈耦合作用的结果，形成了青藏高原东部地质条件极其复杂、地壳变动极其活跃、地貌过程极其迅速、地质灾害极其频繁的地质环境川藏铁路区域成为我国乃至全球地质演化过程最复杂、地形陡度最大、内外动力作用最强烈的区域，给川藏铁路超长深埋隧道工程建造带来了巨大的挑战和工程风险。在隧道震害方面：发震断层对穿越活动断层隧道会造成局部边仰坡地面开裂变形、衬砌开裂、错台，局部掉块、垮塌、上部拱圈整体掉落，仰拱隆起、围岩垮塌，危及隧道正常施工与运营安全。在高地应力方面：受强烈水平构造挤压导致的极高地应力赋存环境的影响，预测岩爆灾害段总长 147km，其中强烈岩爆段长达 13.2km，预测大变形灾害段总长 169.88km，其中强烈大变形段长达 21.7km。同时，该地区的岩爆、大变形灾害还表现出了特殊性，例如，发育于缝合带、深切峡谷浅表生改造带、高地温带的岩爆灾害，以及发育于缝合带、复理石带、断裂剪切带、节理密集带的大变形灾害。在高地应力作用下，岩爆和大变形都可能造成隧道施工过程中人员伤亡、设备损毁、工期延误。在突水突泥方面，青藏高原多期变化和高寒少雨多雪的气候特征造就了川藏铁路所经区域较为独特的地表大型冰湖、高原型岩溶，全线高压涌水突泥高风险段主要分布在林芝到波密段、昌都到贡觉段、巴塘到理塘段以及康定至泸定段。富水地层所造成的突涌水灾害是我国西部山区隧道工程建设的主要威胁之一，经常造成严重的工期延误、人员伤亡、经济损失和环境破坏，更甚者造成隧道废弃或改线易址。在高地温方面，全线有 50 余个对线路有影响的高温热泉，约 15 个隧道可能存在高温热害。地热能量侵入围岩接触带使隧道出现热灾变，造成隧道内环境重构、支护材料性能退化、隧道结构稳定性衰减，耐久性下降等。高地温热害使得人体心率加快、体能下降，同时出汗量剧增导致脱水甚至晕倒，极大降低施工效率，危机施工人员生命安全。同时，川藏铁路超长深埋铁路隧道由于不良围岩荷载、侵蚀环境、结构材料老化等多因素联合影响，其结构长期安全面临着严峻挑战，为保证川藏高原环境下超长深埋隧道的全寿命安全，开展高原极复杂地质环境下隧道结构性能的劣化机理、衰退演化规律与保持机制等相关研究已刻不容缓。

最新进展

活动断裂带对隧道的静、动力响应特性影响显著，现有研究在一定程度上揭示了穿越活动断裂带隧道响应机制，但对黏滑动力过程、蠕滑位错时间效应、断层面接触等现象的模拟缺乏充足的理论依据；断层和隧道的互制机制尚不明确，多因素耦合作用下结构破坏和损伤演化机理认识不清，没有发明一种能有效抵抗活动断层大位移错断的隧道结构，目前仍缺乏切实有效的穿越活动断裂带隧道安全评价体系和灾害防控方法。传统抗错、抗震和减震措施及其设计标准是否能满足川藏铁路复杂艰险地质环境条件下安全建设和运营要求亟待进一步研究。

目前，软岩大变形时效破坏机理及安全防控的研究主要以宏观层面为主，耦合条件下软岩时效损伤细观机理的定量研究相对较少。复杂构造带隧道工程受极高地应力、高地温、高渗透压耦合作用和层面、剪切带切割共同作用的影响，导致其大变形灾变机理及其防治技术极为复杂，需要进一步开展相关研究。现有的大变形隧道控制技术以单一控制技术的特定工程应用为主，尚未形成针对复杂地质构造带隧道工程大变形特征的控制体系和设计理论。基于静、动力学理论的岩爆机制研究已有诸多进展，但考虑实际工程复杂地质环境下岩爆机制的研究较少，如缝合带、强烈卸荷区、深埋区，隧道工程开挖致使围岩处于水—力—热等多场耦合环境之中，岩爆机制更加复杂，仍需对其灾害发生机制及其安全防治技术进行系统研究。

关于高压水赋存规律、灾变机制与防控的研究多集于突涌水灾害致灾构造模式与隧道开挖后的渗流场演变规律，还未对高原冰湖、岩溶和构造带地下水系结构特征及其赋存规律进行研究；现有的致灾构造判别理论未能很好地预测和解译高原冰湖、岩溶和构造带等特殊突水致灾构造的赋存属性及孕灾条件，且由于内在结构模式与空间特征的复杂性，致灾构造内部胶结充填状况和导水性的探测也十分困难。

关于复杂构造地热赋存与温度场分布的研究多针对某固定平面进行二维的温度场分析，未能有效考虑热能在地质构造体中的流动及热场的时空效应，特别对于岩体内富存高压高温热水条件下，对岩体扰动后隧道温度场的重构机理研究有待展开；高温环境下隧道结构的研究多集中于宏观且单一的材料力学性能上，在高地温条件下界面力学变化特性及微观颗粒的搭接效应变化规律有待深入。关于高地温支护结构特性的研究以现场实测和数值模拟为主，分析较为宏观，在综合考虑高地温对结构性能劣化方面的影响有待深入；目前对于高地温隧道环境的防治技术多处于被动状态，在热环境控制与人体生理机能衰减的关联性研究有待深入，川藏铁路高地温结合高原缺氧的隧道热害防控技术尚待展开。

当前，隧道结构耐久性研究主要集中在侵蚀环境（氯离子扩散、硫酸盐侵蚀、碳化等）、地层复杂自重应力场及构造应力场等因素单独作用下，支护材料与结构性能的衰退演化规律及破坏机制研究。针对多因素耦合作用下，隧道结构的劣化机理、力学性能退化规律和评价方法的研究还相对较少。由于超长深埋隧道受周围不均匀和各向异性地层环境的影响，结合岩体性质的复杂性，开展多场耦合多因素叠加作用下隧道结构劣化机理和性能保持技术研究非常必要。

重要意义

高原极复杂地质超长深埋隧道安全建造与性能保持技术研究涉及隧道工程、构造地质学、工程地质学、水文地质学、岩体力学、弹塑性力学、地下水动力学、水文水资源学、工程热力学、传热学、化学、通风与空调、地震工程学、结构动力学、防灾减灾工程学等众多学科，是一项综合性强，基础理论复杂、实用技术密集的研究项目。开展相关研究，可促进地球科学、工程与材料科学、信息科学、数理学科等的深度交叉融合，突破若干前沿交叉问题。通过研究，以期探明青藏高原内外动力与工程扰动叠加条件下超长深埋隧道的物理力学时空演化和工程灾变机制及其隧道结构性能劣化机理，从而构建强构造活动区隧道工程安全风险防控与结构性能保持的理论与技术体系。川藏铁路隧道密集，隧线比高达82%，是世界上地质条件最复杂、建设难度最大的铁路工程。川藏铁路841km隧道中，采用钻爆法施工比例近90%，开发高原极复杂地质超长深埋隧道安全建造与性能保持技术有助于降低隧道建造风险，保障其安全施工与长期营运安全，其社会环境经济效益巨大。川藏铁路是连接西藏与内地、支撑西藏社会经济发展、保障国防安全的国家重大建设工程，是实现两个百年目标和民族振兴的标志性基建工程，政治、经济和战略意义重大。同时，高原极复杂地质超长深埋隧道安全建造与结构性能保持科学技术相关问题的解决，对于加快西藏和进藏地区的交通基础设施建设，构建西藏地区完善的铁路、公路网具有重大的意义。

7 如何解决高温跨介质的热/力/化学耦合建模与表征难题？

英文题目 How to Solve the High Temperature Modeling and Characterization of Thermal/Mechanical/Chemical Coupling Problems Across Different Medias？

所属领域 空天科技

所属学科 空气动力学

作者信息 俞继军　中国航天空气动力技术研究院

推荐学会 中国空气动力学会

学会秘书 吴德松

中文关键词 高温气体动力学；跨介质；热/力/化学耦合；热防护

英文关键词 High Temperature Aerodynamics；Trans-Media；Thermo-Mechanical-chemical Coupling；Thermal Protection

推荐专家 艾邦成　中国航天空气动力技术研究院研究员

专家推荐词

高温跨介质热、力、化学耦合问题是我国未来高速飞行器、深空探测器及先进动力系统等重要型号面临的共性基础性问题，该项研究有望在微观作用机制及跨尺度的耦合行为的基础理论和建模方面取得重大突破。

问题描述

高温跨介质热／力／化学行为源于超高速度、超高温度、超长作用时间等极端环境气体与表／界面等对象的相互作用过程，并因此产生了极端环境物理化学反应、跨介质热／力载荷和跨尺度传热传质等基础科学难题。由于环境条件与时空尺度超越目前的经典高温气体动力学模型、实验模拟条件和基础科学认知，因此符合前沿科学问题定位，其科学属性包括高温气体动力学、离解与催化动力学、极端环境空气动力学、流／固耦合、材料计算设计和先进功能／结构设计、高精度测量技术等交叉领域。跨介质指的是高速气体来流与飞行器表面作用的局部气／固区域，材料高温相变形成的气／液、固／液及气／固／液混合作用区域及燃烧流场中由于粒子存在而形成的气／固、气／液及液／固界面区域等，所涉及的技术问题具体如：① 空间流场组分演变、相态变化及与流动耦合问题。高温条件下气体分子会离解和电离、液体分子会破碎和气化，并会出现热非平衡及辐射效应等现象，同时高温气体基本性质认知不足，增加了分析与模拟的难度；② 跨介质的高动态多尺度响应影响问题。高温跨介质带来不同系统的质量与能量交换及能量与载荷的传递过程，存在不同介质的响应、形变及与流场的耦合过程，同时流场的高频特性与结构响应相耦合，会为工程设计带来严重困难；③ 结构高敏感影响参数的识别、非线性响应与防护方法问题。高温结构界面处的热流、摩阻、脉动压力及空气阻尼等参数与局部流动尺度密切相关，而材料与结构的响应亦与边界载荷和材料工艺特性相关，耦合特征呈现强非线性、强非定常性，为防护措施的选择带来极大难度；④ 多效应耦合下的地面模拟验证方法与高精度测试表征问题。地面试验来流条件的限制使其难以模拟工程设计需要的实际运行条件，高温高速带来了空间流场相关参数测试的难度，现有测量仪器设备时空分辨率的局限使结构表面和内部相关量的测量异常艰难。

问题背景

具备超高速度、超高温度、超长作用时间等特点的流体／固体跨介质作用是未来各类型高端装备共同面临的极端环境，如快速响应低轨道卫星、深空探测与返回器、超高速飞行器与临近空间长期驻留飞行器等，极端状态流体与作用对象界面产生的高温跨介质热／力／化学行为是众多国防武器装备和前沿科学探索项目面临的共性基础重大科学问题。如：① 深空探测第二第三宇宙速度进入／返回再入问题。火星、小行星及未来的地外天体的远程探测与返回面临极高速度飞行及极高焓气动环境问题，而轻量化设计和突破"黑障"又对相关理论和预示提出了更高要求；② 临近空间超高速度低空高机动飞行问题。高速低空飞行给飞行器带来了高强度和高脉动量的力／热载荷，甚至与结构存在耦合响应，带来温度超限及热气动弹性等问题，给防热／结构设计带来了不确定性；③ 地外天体撞击地球与空间高速粒子撞击人造飞行器问题。地外天体高速进入地球大气和高速粒子的冲击会引起接触界面高温化学反应和结构损伤，对灾害评估和有效的避险措施提出了研究需求；④ 发动机内流燃烧与防热结构相互作用问题。大推力高马赫数固体、液体和冲压发动机的发展带来了多相流加热、烧蚀与侵蚀及结构防护设计问题。

最新进展

在航天航空高端装备应用需求和国内相关重大工程的牵引下，国内科研人员在高温跨介质热、力、化学行为高温引起的防护问题开展了一些基础性工作，并向高精度、大规模计算和精细化模拟方向发展。如在高温气体流动模拟方面，除考虑高温气体的化学非平衡外，同时考虑热非平衡对局部流动和整体性能的影响；固体材料与结构的响应考虑边界的力热载荷特征及其演化影响，同时考虑本身多尺度的结构特征和高温引起的参数变化等；涉及多相流的情况考虑相态变化和相态性质差异对模拟带来的影响等。在高温跨介质热、力、化学行为模拟方面，存在的主要难点包括：① 高温条件下不同介质相互作用的机理认识不清，热化学场模型难以描述。如高温气体作用下材料的催化模型、氧化模型及材料多组分分子力场的相互影响等；② 相互作用下不同介质的演化和耦合特征难以精确建模，未形成有效预示方法。针对不同目标函数的防护设计方法在时间和空间场尺度上存在较大差异，多状态量影响建模和计算难度大，计算精度难以保证，如某飞行试验测试与理论预示温度的偏差可达 600℃ 以上；③ 高温条件下基础物性数据积累、模型建立和测试验证手段不足。如对高温气体现有模型在 10000K 以上偏差较大，基于微观粒子的模型预测技术需要进一步发展；④ 地面试验难以精确模拟多物理过程的耦合，地面试验研究与验证不仅缺少模拟准则，而且测量仪器的时空分辨率、关键状态量的测量等难以满足工程实际需求。

重要意义

高温跨介质热、力、化学行为与防护前沿科学专题的实施可以探索高温、高速等极端环境下，建立具有学科前沿拓展属性基本物理化学作用模型，布局我国在基础学科领域的强基重点方向；同时牵引飞行器等背景研究从关注局部解耦设计向飞行器气动、材料、结构、操纵机构等系统性耦合设计思路转变。前沿科学问题的研究也将产生一系列具备专业共性特征的基本理论、通用模型、计算设计方法、测量仪器和技术，由此带动空气动力学、飞行器设计与航空宇航材料等航空航天相关工程学科的发展。高温跨介质热、力、化学耦合问题研究，还可以催生具备一定行业颠覆特征的新概念飞行器、先进设计技术与先进功能/结构防护技术，实现飞行器气动、防热、控制、突防一体化设计，引领快速响应低轨道卫星、深空探测与返回器、超高速飞行器与临近空间长期驻留飞行器等高技术领域发展，为强军强国和大国竞争提供抓手。

8

如何从低品位含氦天然气中提取氦气？

英文题目 How to Extract Helium from Low-grade Natural Gas?

所属领域 资源能源

所属学科 化学工程

作者信息 张锁江　中国科学院过程工程研究所

罗双江　中国科学院过程工程研究所

推荐学会 中国化工学会

学会秘书 张　瑜

中文关键词 天然气提氦；气体分离；膜分离技术；离子液体膜

英文关键词 Helium Extraction from Natural Gas；Gas Separation；Membrane

Separation Technology；Ionic Liquid-based Membranes

推荐专家 任其龙　中国工程院院士

周　远　中国科学院院士

专家推荐词

氦气是重要战略稀有气体资源。我国氦气藏品位低、提取困难，发展面向贫氦天然气的低成本提氦技术对保障我国氦资源安全具有重要意义。

问题描述

氦气是国家重要战略稀有气体资源，在国防军工、高端医疗、电子制造和大科学装置等领域都发挥着不可替代的作用。我国对氦气的需求量全球第二，但超过 95% 的氦气都依赖进口。氦气通常是与天然气伴生的，我国已发现的氦气藏普遍品位低，其中浓度低于 500 ppm 的气藏占一半以上，低品位含氦天然气因提取困难而未得到充分利用，造成了严重的资源浪费，因此开发面向贫氦天然气的低成本提取技术是缓解我国氦气"卡脖子"现状的关键。由于氦气是目前已知沸点最低的气体，采用传统低温法从低品位气源中提取氦气最大的问题是能耗大且设备投资大，严重制约了提氦的经济性。同时由于氦气的临界温度极低（5.2 K），通过吸收或吸附方法也很难实现氦气的提取分离。因此，如何发展高效、低成本的提氦新技术对于提高我国氦资源的利用率、维护氦资源安全具有重要意义。

问题背景

氦是一种不可替代、关乎国家安全和高新技术产业发展的重要战略资源。美国早在第一次世界大战起，就开始重视氦资源的保护与开发。20世纪 70 年代，西方国家曾把氦气列入对华禁运物资之一，2007 年美国将氦气核定为战略储备资源，2018 年又列入 35 种危机矿种之一。俄罗斯也在积极推动立法，将氦气作为重要的战略资源限制出口。氦气资源在世界范围内的分布极不平衡，其中美国是世界上氦资源最丰富的国家，占世界总储量的 40% 以上。我国已探明氦气储量 11 亿立方米，其中可直接采收的氦资源总量不到全球的 0.1%，我国氦气几乎全部依靠进口。美国不仅氦资源占有率全球最高，还通过资本等方式控制其他国家的氦资源，而我国氦气的最大来源国卡塔尔地处波斯湾腹部，极易受到地区局势的影响存在隐患。此外，我国已探明的天然气田中氦气浓度普遍很低，这些氦资源大部分直接进入天然气管网中而未加提取利用，造成了巨大的资源浪费。据分析，若上述氦气资源能得到有效提取和利用，可满足我国约 40% 以上的氦气需求，大大缓解我国氦资源紧张的现状。

最新进展

目前规模储量的氦气均来自天然气伴生气，天然气提氦常采用低温精馏法，例如美国 14 套天然气提氦装置中除两套外均采用低温提取工艺，通常先制取纯度为 50%～70% 的粗氦，然后将粗氦提纯为 99.999% 纯度的高纯氦。在国内，已经逐步开展了低温精馏、低温吸附、变压吸附、氦液化等多项关键技术的研发。例如：中国石油西南油气田公司在四川威远建成提氦试验 1 号装置，采用低温精馏工艺，从含氦 0.18% 的天然气中提氦到 99.999%，产能 2 万立方米 / 年。2017 年起中科院理化所等相关单位，采用低温精馏结合低温纯化 / 液化等技术，从液化天然气不凝气（LNG-BOG）中提取氦气，于 2020 年 7 月研制出国内首套 LNG-BOG 提氦、液化装备，并应用于宁夏盐池天然气液化厂。2020 年 8 月，四川空分设备有限责任公司采用低温精馏与低温吸附技术，从 BOG 中提氦，得到高纯氦气，产能达 40 万～80 万立方米 / 年。

重要意义

气体分离膜技术因分离过程不涉及相变，具有绿色、高效、节能的显著优点，为低成本天然气提氦提供了新机遇。开发气体分离膜与低温吸附或者低温精馏的耦合提氦技术被认为是实现低成本天然气提氦的有效途径，即通过膜分离富集的粗氦再经低温吸附或低温精馏得到高纯氦。膜富集得到氦气的纯度决定了低温吸附或低温精馏的设备投资和运行成本，因此膜分离技术也是实现低成本天然气提氦的关键。膜分离技术的核心是膜材料，开发具有自主知识产权的高性能天然气提氦膜材料与膜组件，并考察膜分离性能与低温技术耦合及经济性的关联对于我国低成本天然气提取和保障氦资源安全具有重要意义。该工程技术难题的突破对于低浓度、高附加值气体提取技术的发展将产生重要的引领作用，并极大推动气体分离膜特别是膜组件的国产化和低温分离技术的发展。此外，该工程技术难题的突破也将形成适合我国国情的具有自主知识产权的低品位天然气提氦成套技术，减少我们氦资源的浪费并降低对外依存度，为我国高温气冷堆、低温超导、电子制造、医疗检测和大科学装置等的发展提供有力保障。

9 如何利用遥感科技对地球健康开展有效诊断、识别与评估?

英文题目　How to Use Remote Sensing to Effectively Diagnose, Identify and Evaluate Earth Health?

所属领域　地球科学（含深地深海）

所属学科　地球科学

作者信息　李志忠　中国地质调查局西安地质调查中心

　　　　　　韩海辉　西北大学

　　　　　　孙萍萍　西安交通大学

推荐学会　中国遥感应用协会

协会秘书：芦祎霖　荆丽丽

中文关键词　地球健康体检；对地观测技术；健康地学；谱遥感

英文关键词　Earth Health Examination; Earth Observation Technology; Geohealth; Spectral Remote Sensing

推荐专家　卫　征　中国遥感应用协会秘书长、研究员

专家推荐词

利用遥感科技加强推进地球健康诊断、识别与评估，可充分发挥遥感

的图谱合一、动态监测、快速评估、大范围获取时序数据等优势，开展土地利用／覆被调查、土壤质量评估、植被监测、识别与分类、作物长势监测与估产；冰川冻土消融监测、河湖水体和湿地监测与评估；矿山生态恢复监测、森林采伐与草地退化监测、生物多样性分析；城市（群）气体污染与热岛效应评估、陆－气－海碳源／碳汇精准评估、集镇聚落变化信息智能分析等各项"体检"项目；是更好执行联合国2030年可持续发展议程和服务人类命运共同体构建的重要支撑。

问题描述

对地观测（遥感卫星）系统是人类空间基础设施的重要组成部分，因其综合、动态、快速、大范围获取数据以及图谱合一的优势，可作为全球资源环境动态监测与评估的核心技术。全球人类活动的不断加剧已使得地球生态环境的健康状况逐步下降，进而反作用于人类的自身健康与生存。基于有效诊断、评估与识别地球健康状况的迫切需求，提出了对地观测领域发展的"谱遥感"重点方向及其相关关键技术。围绕地球健康体检的科学内涵和健康地学目标，在系统梳理国内外新型对地观测技术进展基础上，厘定了地球健康体检的主要内容、技术流程及其关键技术，总结了新型对地观测技术开展地球健康光谱监测网络平台构建方法，提出了利用"谱遥感"技术开展地球体检的示范思路和展望。

问题背景

全球人类活动的不断加剧正日益严重地恶化地球的健康状况，立足于对地观测科技发展，急需开展有效的地球健康诊断、评估与识别。针对全球尺度问题，天、空、地一体化的综合对地观测分析技术是最佳体检手段，因此应充分利用并提升对地观测体系的整体效能，获取并评价影响地球健康状态的主要指标，对地球进行全面体检并给国际社会的共同行动提供科学依据和辅助决策支持。近年来全球遥感科技显现出高空间分辨率、高光谱分辨率、高时间分辨率的"三高"发展新特征，实现全天候和多要素的对地观测。我国遥感事业也在习近平新时代中国特色社会主义思想指引下，"十二五"以来迅猛发展，遥感卫星数量、性能和数据获取能力稳居全球第二位，牢牢掌握了数据自主权并实现了从科研试验向业务服务的战略转型，并进一步向国际扩展，更好支持我国承担大国义务、为人类可持续发展提供有力的中国解决方案。

谱遥感是对地观测领域的重要核心科技，综合了地物波谱、地学图谱、地表时空演化谱信息，因具有动态、快速、大范围应用等特点，是监测和分析资源环境乃至生态状况的最佳手段之一，可作为地球健康状况检测的核心技术。"谱遥感地球健康体检"即综合运用卫星遥感、航空遥感和地面站点、手持终端、岩心光谱扫描等多种监测手段，基于数据挖掘、数据融合、数据协同和数据同化等关键技术，形成一整套"天空地"一体化的光谱探测装备和数据处理系统，构建中国和全球重点区域健康地球的光谱谱系及监测网络；用于研究危害人体健康的地球表层环境的形成条件、分布特点和时空演化规律，进而可用于分析环境条件与元素余缺、人体状态的关系与作用机理，以及环境演化特点、方向和可变性，为人类科学开发资源、打造宜居宜业环境和防控疾病、应对重大灾害等提供科学依据。

最新进展

（1）明确谱遥感地球体检的项目

根据地球表层系统、地球关键带理论以及谱遥感能获取到的地球健康信息，明确谱遥感地球体检项目。地球关键带是陆地生态系统中土壤圈及其与大气圈、生物圈、水圈和岩石圈物质迁移和能量交换作用最直接也最深刻的交汇区域，也是维系地球生态系统功能和人类生存，不断供应水、食物、能源等资源的关键区域，因此土壤、大气、生物、水体以及岩石将是地球体检的重点。利用谱遥感获取数据覆盖广、速度快、光谱连续且蕴藏信息丰富的优势，可以开展土地利用 / 覆被调查、土壤元素精细识别、农田作物品种分类与病虫害监测、林地草地健康诊断；冰川冻土消融监测、河道水体富营养化监测、湖泊水质污染分析；矿山生态恢复监测、森林采伐监测、草地退化监测；大中城市温室气体排放监测与热岛效应评估、植被"碳汇"精准评估、集镇聚落信息智能提取等各项"体检"项目。

（2）确定谱遥感地球体检各项目的参考值——健康地球的光谱谱系

为了能更好地重建健康地球地物光谱，提高地物光谱重建精度并对其真实性进行评价，需要建设具有国际先进水平、长期稳定可靠、开放的国家级光谱遥感几何和辐射定标及综合试验场。要通过构建连接全球的真实性检验场、光谱监测网络平台等基础设施，采集全球典型地区及典型地物的特征光谱作为"真值"，并建立相应的特征光谱库和样本库，从而形成健康地球的光谱图库。

（3）建立地球健康体检的技术标准体系

土壤、大气、水体等要素的健康状况对全球生态环境具有重大影响，利用构建的地球健康指标光谱分析系统，结合地球健康检查指标体系，可对黄河流域、黑土地、"一带一路"等全球典型地区的土壤养分、物化特性、生产力质量和水环境、大气环境、矿山环境等进行分析与评估。按照综合标准化研究方法，构建一套应用于大气圈、土壤圈及水圈等生态环境的"天空地"地球健康体检综合标准体系框架。

（4）"谱遥感"地球健康体检——科学计划

2021 年 11 月，欧盟委员会发布《2030 年土壤战略》，提出了包括荒漠化防治、退化的土地、土壤恢复和富碳土壤生态系统恢复等 2030 年中期目标，以及到 2050 年完全适应气候变化影响的长期目标。我国第三次土壤普查已获农业农村部等批准，正于 2022 年至 2024 年实施。

为实现宜居地球目标，开展如下"谱遥感"地球健康体检计划：①地球健康评价体系构建及初步试验。从土壤、水、大气和生态环境健康监测出发，构建地球健康状况评价要素与评价指标体系；以黄河流域为试点，建立典型区地球健康特征光谱库和样本库并开展星、空、地一体化遥感调查与评价，技术成果结合上合组织等逐步向中亚、西亚等地区拓展和应用；②明确体检项目，确定健康地球的光谱谱系，完善地球健康高光谱评价技术体系，推动申报"健康地球重大国际计划"；③研发谱遥感仪器并建设地球健康光谱监测网络及应用示范基地。

重要意义

开展地球健康体检，科学评价地球健康水平，及时改良和修复地球环境极为迫切和重要，未来亟须开展多圈层、多尺度、多角度、多探测介质的地球健康全面体检，不断深化"谱遥感"新技术体系在地球关键带综合调查中的探索与创新，实时掌握地球健康状况，从而更好地支撑资源管理、环境治理、城乡建设、防灾减灾等。

10 如何实现极大口径星载天线在轨展开、组装及建造？

英文题目 How to Implement In-orbit Deployment, Assembly and Construction of Ultra Large Space Antennas ?

所属领域 空天科技

所属学科 航空宇航制造工程

作者信息 马小飞 中国空间技术研究院西安分院

郑士昆 中国空间技术研究院西安分院

李 洋 中国空间技术研究院西安分院

推荐学会 中国振动工程学会

学会秘书 刘 红

中文关键词 空间天线；百米级天线；可展开天线；在轨组装

英文关键词 Satellite Antenna；100m-meter Antenna；Deployable Antenna；On-orbit Construction

推荐专家 胡海岩 中国科学院院士，北京理工大学教授

翟婉明 中国科学院院士，西南交通大学教授

李 杰 中国科学院院士，同济大学教授

杨智春 西北工业大学教授

金栋平　南京航空航天大学教授

专家推荐词

该问题的解决不仅可以极大提升我国空间装备能力,同时可以引领空间科学技术的跨越式发展,其重大突破点包括空间极大型天线机电热综合设计技术、航天器载荷平台一体化技术、超柔性空间结构动力学分析与振动控制技术等。

问题描述

星载天线是天基电子信息载荷的关键设备,天线口径直接决定信号收发和传输能力,通过增大天线口径,可获得更微小发射功率信号,从而提高目标感知能力、信息传输能力及对抗能力。其中的百米级以及千米级星载天线更是未来空间技术重要的发展方向,将广泛应用于电子信号获取、对地观测、深空观测等领域。

由于火箭整流罩尺寸的限制,星载百米级天线需要采用极高的收纳比收拢后进行上行运输,入轨后采用可控方式进行在轨展开,同时,对于公里级天线结构,还需要进一步引入在轨装配技术以实现该尺寸天线的在轨应用。百米级、千米级口径星载天线已成为国内外星载天线研究领域的制高点。有别于传统星载大型天线,百米级、千米级星载天线需要采用新的设计方法与技术以实现将来在轨应用。其中包括星载极大型天线机电热综合设计技术、高收纳比收拢展开技术、航天器载荷平台一体化设计技术、超柔性空间结构动力学分析与振动控制技术、在轨组装最优路径规划技术以及地面试验等效性分析技术等,亟待取得跨越式突破,满足我国航天关键载荷急需。

问题背景

从 20 世纪 80 年代我国就开始跟踪研究星载大型可展开天线，到目前为止已经实现了十米级星载天线在轨成功应用。以西安空间无线电技术研究所为代表的科研机构和相关高校持续性开展了相关研究工作，为我国在星载大型天线相关理论方面奠定了较好基础。

为实现对更微弱信号的接收、实现更高的遥感分辨率，最有效的方法就是增大天线口径。为使载荷系统性能得到跨越式提升，多种空间任务对百米级、千米级天线需求迫切。极大型星载天线作为将来航天器的主体结构，其的研制已无法沿袭传统方式，需要采用新的方法和技术，如更高效的收拢展开技术、极大型天线机电热综合设计技术、载荷平台一体化设计技术、超柔性空间结构动力学分析与振动控制技术、在轨组装极大型结构最优路径规划技术以及空间柔性可展开结构地面试验等效性分析技术等。

最新进展

国外从 20 世纪 60 年代就开始进行星载大口径可展开天线的研究，在多种需求牵引和驱动下，国外航天大国（美国、俄罗斯、日本等）及欧空局在该领域的投入都非常巨大，使得星载极大型可展开天线成为当前空间科学技术研究的重点和热点之一。

首先，在极大型可展开天线总体设计方面，20 世纪 80—90 年代结构设计人员首先提出机电集成设计思想。进入 21 世纪以来，天线机械结构与电磁性能之间的两场耦合逐渐被研究人员关注，天线机电耦合分析逐渐成为研究热点。国际上针对天线机械结构变形对电磁性能的影响研究主要集中在电磁性能的分析上，相继以圆对称反射面天线、偏置反射面天线为例，针对表面随机误差对天线增益、平均功率方向图的影响开展了相关研究，但对机械结构与电磁性能之间的制约机理并未完全掌握。

其次，在航天器一体化设计方面，美国分别于 2007 年和 2009 年发射了 WorldView-1、WorldView-2 两颗高分辨率商业卫星。为了满足商业卫星的轻、小、快、精等应用要求，在结构布局上采用光学遥感器嵌入卫星平台的结构设计方式，在嵌入部分采用桁架结构与卫星平台进行连接。从一体化设计理念上来说，WorldView 系列卫星属于基于平台的一体化设计。2021 年发射了詹姆斯·韦布空间望远镜（JWST），JWST 主镜采用了分块加工组装以及可折展构型，以满足发射条件，其恶劣的在轨条件对整星光机电热一体化设计提出了苛刻的要求。从设计理念上来说 JWST 遥感卫星均属于围绕载荷的一体化设计。从层级来说，二者代表的是基于功能性能指标最优的一体化设计理念。

再次，在超柔性空间结构动力学分析与振动控制技术方面。由于柔性索网在实现结构轻量化和可收纳性上具有极为明显的优势，因此在可展开空间结构上得到了广泛的应用，国内外学者对这类可展开空间结构进行了大量研究，内容包括概念设计、动力学建模与分析，动力学控制、地面模拟实验等，如北理工、清华大学、航天五〇四所等高校和研究所就针对十米级星载柔性索网天线的在轨动力学特性、振动控制、展开动力学等方面开展了深入研究。随着可展开空间结构越来越大型化、复杂化，早期航天器动力学所用的中心刚体—柔性附件方法已无法用于其展开动力学过程仿真分析。于是航天界逐步转向多柔体动力学分析方法，例如，Neto 等建立了基于复合材料板和梁单元的欧洲 ERS-1 卫星的柔性太阳能电池阵列、柔性桁架、刚性本体系统的多柔体模型，并采用模态综合法降低求解规模，分析了柔性空间结构与卫星本体之间的耦合动力学特性。Mitsugi 等建立了含柔性索网的卫星六边形桁架天线多柔体动力学模型，进行了

展开动力学研究，网面绳索张力的计算结果与实测结果较为接近。Wasfy
与 Noor 建立了一种大口径望远镜的多柔体动力学模型，采用模糊集来描
述控制器的驻留时间，研究了驻留时间对展开动力学特性的影响。为了考
虑柔性构件的变形与系统整体刚性运动的耦合动力学特性，一些学者采用
基于模态法的多柔体动力学商业软件对空间结构进行展开动力学分析。由
于大型可展开空间结构通常存在很多非线性约束、运动副间隙及复杂的载
荷条件，商业软件在系统动力学建模、数值求解等方面遇到许多困难。另
外，模态法也不能处理带柔性索网的空间结构展开动力学问题。

再次，在轨组装极大型结构最优路径规划技术方面。随着在轨组装技
术的快速发展和对组装对象的深入研究，美国、欧洲等部分航天研究机构
提出了组装机器人方案。基于在轨组装任务的多样性和复杂性，在轨组
装任务通常需要多个机械臂进行协同操作完成。美国的"在轨机器人制
造与组装"项目（IRMA）计划实现太空制造并完成卫星在轨组装。另外，
NASA 的"多功能太空机器人精密制造与装配系统"项目计划为国际空间
站研发具有三维打印功能的机械臂，以实现在轨部件制造并装配成大型、
复杂结构。利用机器人进行装配的序列规划问题与传统的序列规划不同，
需要同时考虑机器人自身对整个装配过程的影响。已有研究中只考虑了机
器人对装配过程的影响，并没有对各机器人的规划与控制进行具体设计。
另外，也没有考虑机器人如何进行装配操作，只对机器人的末端轨迹进行
了规划。

最后，空间柔性可展开结构地面试验等效性分析技术方面。首先，如
何在空间结构展开过程中消除重力影响是地面实验技术的关键。对于小型
可展开结构，可采用气浮平台来进行重力卸载；对于大型可展开结构，则
一般采用悬吊系统。例如，浙江大学关富玲等通过四面体桁架可展开天线

样机对不同悬吊系统进行了对比实验。航天五〇四所大天线团队针对大型可展开环形桁架天线结构、直线桁架空间机械臂的地面样机，设计并研制了悬吊式重力卸载系统。从工程经验看，随着空间结构尺度不断加大，要保证结构展开过程中悬吊系统和结构展开的协调性，在悬吊系统的布置、悬吊点的选择上均存在许多难点。对于柔性索网，不论是其展开过程中还是展开后的张紧状态，都无法通过悬吊系统来较好的消除重力影响。而在微重力环境下，柔性可展开结构展开过程中很可能发生碰撞和勾挂，这些会对结构的展开产生致命性影响，因此应该特别关注在地面如何模拟柔性可展开结构所处微重力环境。

重要意义

掌握星载极大型天线机电热综合设计技术、高收纳比收拢展开技术、航天器载荷平台一体化设计技术、超柔性空间结构动力学分析与振动控制技术、在轨组装最优路径规划技术以及地面试验等效性分析技术等，提出空间百米级、千米级天线实现方法，填补国内外研究空白，占领星载大型天线制高点，为提升空间装备能力水平提供支撑并引领我国空间科学技术的跨越式发展。

产业技术问题篇

1 如何建立细胞和基因疗法的临床转化治疗体系？

英文题目	How to Establish the Clinical and Translational Medicine Architecture for Cell and Gene Therapy?
所属领域	生命健康（含医学）
所属学科	临床医学
作者信息	刘颖斌　上海交通大学医学院附属仁济医院
推荐学会	中国细胞生物学学会
学会秘书	林晓静
中文关键词	细胞和基因疗法；过继细胞免疫治疗；肿瘤免疫治疗；基因编辑
英文关键词	Cell and Gene Therapy；Adoptive Cellular Immunotherapy；Cancer Immunotherapy；Genetic Engineering
推荐专家	赵玉沛　北京协和医院主任医师
	贺　林　上海交通大学研究员
	高　福　中国科学院北京生命研究所研究员

专家推荐词

恶性肿瘤是医疗领域的重大难题。细胞治疗在多个领域表现出良好的前景。细胞药物因其制备及质控的困难，其临床应用十分有限。细胞药物的制备和质控体系如何去中心化、自动化、封闭化将是整个产业发展的关键。

问题描述

细胞和基因疗法（CGT）是癌症和遗传病治疗的新领域，也是目前生物医药领域最具前景的发展方向。但是细胞药物作为一个"活的"药物，其制备以及质量控制等精细、烦琐的流程，极大地限制了其工业化以及临床应用和推广。

由于实体肿瘤高度异质性，个体化治疗是细胞治疗的发展方向。基于这个特征，相较于传统的药物生产，细胞药物的制备和质控如何去中心化、自动化、封闭化将决定整个产业的发展。

细胞产品的数量是免疫细胞治疗关键因素，为了获取有效治疗量的细胞数，细胞通常需要在反应系统中扩增几周的时间。这一较长的时间段中，如何保持细胞的活性，反应性、无菌性等，需要工程、机械、化学、生物以及医学等多领域合作从而开发全自动、全封闭、操作简单且符合临床需求的硬件，试剂和软件体系。

此外，在全自动封闭体系基础上，在细胞培养的过程中进行基因编辑或改造，对细胞培养过程进行实时监控和质控，以及对不同功能细胞亚群的筛选和富集，将完善系统对整个细胞治疗领域需求的满足。

问题背景

近些年，随着免疫检查点抑制剂（ICI）治疗，特别是PD-1抑制剂治疗恶性肿瘤的理论，临床以及市场化的巨大成功，肿瘤免疫治疗这个一直被忽略的领域来到了肿瘤治疗探索的最前沿。和 ICI 领域同样迅猛发展的是过继性免疫治疗（ACT），即从肿瘤患者体内分离免疫活性细胞，在体外进行扩增和功能鉴定，在达到一定数量以后给患者回输，通过直接杀伤以及激活机体免疫应答的方式来治疗肿瘤。ACT 细胞治疗是细胞治疗中最重要的领域之一，其中 TIL，TCRT，CART 等治疗是目前 ACT 最主要的方向。

最新进展

CART 治疗是近些年最早取得临床和市场成功的 ACT 治疗方法，目前的主要治疗血液肿瘤，特别是淋巴细胞白血病、淋巴瘤、多发性骨髓瘤等，而以 CD19/CD20 靶点的 CART 技术已经陆续在美国和我国获批上市，但 CART 最大的局限性在于其治疗实体肿瘤效果不佳。

TIL 疗法是从肿瘤组织中分离出浸润的淋巴细胞，在体外进行大量扩增，再回输到患者体内，从而扩大免疫应答，治疗原发或转移肿瘤的方法。TIL 治疗是目前最有前景的治疗实体肿瘤的 ACT 治疗技术，美国的 Iovance 公司的 TIL 产品将于今年获得 FDA 的 BLA 批准。而国内数家公司也正陆续进入 TIL 治疗这个领域。

TCRT 是 TIL 以外另一种治疗实体肿瘤的 ACT 方法，是利用基因工程技术将识别肿瘤细胞特异性的 TCR 序列转入 T 细胞回输到患者体内从而杀死肿瘤细胞的治疗方法。通过肿瘤外显子组测序技术和表位预测算法，能快速鉴定肿瘤细胞中因基因突变而产生的免疫原性新表位，以及 TCR 免疫组测序技术发展和 TCR 序列数据库的建立正在迅速推动 TCR–T 疗法的发展。

难点与挑战

（1）肿瘤反应性 T 细胞的鉴定和筛选

传统的 LAK，CIK 免疫细胞治疗在多年的临床实践中并未取得令人满意的疗效，主要原因是由于在体外扩增只是在数量上放大，扩增的免疫细胞并不具有特异性杀死肿瘤细胞的反应性，而且往往表达高水平的 T 细胞衰竭的标记物。近些年，随着基因测序技术，单细胞测序技术，空间专利组技术的逐渐成熟，通过这些技术找到肿瘤组织中浸润的淋巴细胞中具有肿瘤反应性的 T 细胞的免疫学以及细胞生物学特征，和肿瘤特异性的基因突变和新生抗原的相关性，以及这些 T 细胞的受体序列。这些信息可以为筛选和改造高效杀伤肿瘤细胞的 TIL 细胞提供基础，还可以为 TCRT 治疗提供肿瘤新抗原特异性的 T 细胞受体信息，从而作为 TCRT 治疗靶点对外周 T 细胞进行基因编辑，从而为实体肿瘤的成功治疗带来希望。

（2）免疫细胞的体外扩增

细胞药物作为一种"活"的药物，和传统药物的最大的区别在于其"活"这个特征。而肿瘤组织的高度的个体化特征，包括肿瘤免疫细胞的浸润的不同的情况等因素为制备体系的产业化带来了困难。所以无论从细胞制备的稳定性，可重复性以及批次之间的均一性各个方面来看，需要建立一套高度统一化，流程化的制备体系是成功的关键。另外细胞产品的数量是免疫细胞治疗成功的关键因素，为了达到有效治疗的细胞数量，细胞往往需要在反应系统中扩展几周的时间。在这个较长时间段如何保持细胞的活性，反应性，无菌等，需要工程、机械、化学、生物以及医学等多领域合作从而开发全自动，全封闭，操作简单且符合临床需求的硬件，试剂和软件体系。

（3）基于有效 T 细胞标志物的 T 细胞的高效的基因编辑与改造

在全自动封闭体系基础上，实现在细胞培养的过程中进行基因编辑或基因改造，以及对不同功能细胞亚群的筛选和富集，以及对细胞培养过程进行实时监控和质控，将系统性的满足整个细胞治疗领域需求。

重要意义

（1）肿瘤个性化治疗体系优化

免疫细胞治疗在治疗血液肿瘤已经显示了颠覆性的效果，足见其在肿瘤治疗中的重要地位。针对不同类型的肿瘤，筛选相应的反应性 T 细胞，经过体外培养和改造细胞，定制个性化的治疗方案，符合肿瘤的精准治疗理念，对于患者改善预后，提高生存期具有重要意义。

（2）临床应用体系的改进

封闭化，自动化的免疫细胞的扩增是免疫治疗临床运用的前提与保证。细胞培养商业化流程体系的建立，可促进医工交叉新兴产业的诞生，在扩大临床运用规模的同时，可降低临床治疗费用，减轻患者及医保负担，实现治疗可持续化。

（3）细胞生物学理念的更新

T 细胞基因编辑与改造体系的建立，对细胞生物学人才培养，相关系统知识更新，具有一定的促进作用。拓宽了肿瘤治疗的体系，同时有效的指导下一步肿瘤治疗。

（4）社会效益

我国每年新发恶性肿瘤患者接近 450 万人，而每年有将近 300 万人死于肿瘤，如何攻克恶性肿瘤是现阶段医疗和公共卫生领域最大的难题。目前肿瘤免疫治疗的突飞猛进，为治疗、甚至治愈肿瘤带来了希望。但同时，目前肿瘤免疫治疗价格高昂，造成巨大的经济负担，随着我们对实体肿瘤免疫的研究工作的深入，必将会在实体肿瘤领域取得成功，同时随着技术的突破与治疗体系的建立，会帮助缓解肿瘤治疗带来的巨大经济负担，具有良好的经济效益。

2 如何实现存算一体芯片工程化和产业化？

英文题目 How to Implement Engineering and Industrialization of Computing-in-memory Chips?

所属领域 信息科技

所属学科 电子、通信与自动控制技术

作者信息 肖善鹏 中国移动通信有限公司研究院物联网技术与应用研究所

           牛亚文 中国移动通信有限公司研究院物联网技术与应用研究所

           王 骁 中国移动通信有限公司研究院物联网技术与应用研究所

           李 杨 中国移动通信有限公司研究院物联网技术与应用研究所

           李小涛 中国移动通信有限公司研究院物联网技术与应用研究所

推荐学会 中国通信学会

学会秘书 完欣玥

中文关键词 存算一体；工具链；芯片；产业化

英文关键词 Computing-in-memory；Tool Chain；Chip；Industrialization

推荐专家 余少华　中国工程院院士

姚发海　中国卫通集团股份有限公司

崔曙光　香港中文大学（深圳）教授

张延川　中国通信学会副理事长、秘书长

欧阳武　中国通信学会副秘书长

专家推荐词

实现芯片存算一体，将极大推动工程化、产业化进程，提升产能规模，有效满足各行业算力需求，助力数智化转型和 AI 芯片自主可控，打造低碳高效绿能算力网络。该申报项目已有较好工程化、产业化基础，有较强应用经验。

问题描述

近年来，采用冯·诺依曼架构的经典计算机因存储与计算分离，带来数据搬运的时延及能耗，已无法满足人工智能等依靠大量算力的产业发展需求。存算一体技术利用计算机存储单元实现计算功能，在算力、能效等方面优势显著，有望率先打破传统计算架构的桎梏，大幅提升计算芯片算力与能效，是构建数字经济时代先进算力体系的核心技术。但由于存算一体芯片产业链条长，且存在关键器件材料性能不稳定、加工及流片工艺不完善、软件工具链及配套算法缺失等问题，当前存算一体芯片工程化和产业化发展面临巨大挑战。因此，如何从存算一体芯片的架构设计、材料及器件优化、加工工艺完善、软件工具链及算法研发等方面进行系统性的攻关，加速实现存算一体芯片的工程化和产业化，在未来先进计算时代掌握先机，是当前面临的一项重要产业技术问题。

问题背景

在万物互联的背景下，全球信息数据总量呈爆炸式增长，据多家咨询公司预测，到 2030 年全球数据流量将增长 10 ~ 100 倍，算力已成为影响数字经济发展的核心要素。因此，目前国内外学术界和产业界纷纷全力投入到以高算力、高能效为目标的计算芯片研究中。然而随着摩尔定律逐渐放缓，单纯通过提升芯片集成规模以获得更高计算性能的技术难度急剧上升，而在计算架构原理层面进行创新则成为克服算力瓶颈的新路线。

当前计算架构普遍采用冯·诺依曼计算架构，因计算功能和存储功能分离，导致数据在 CPU 和存储器之间反复搬运，从而产生大量功耗和时延（即"存储墙"和"功耗墙"问题），在人工智能等计算密集和访存密集型场景下问题尤为突出。存算一体技术作为一种"后摩尔时代"新的发展方向，从材料、器件、计算范式、架构等方面进行革新，可使用存储单元完成计算功能实现存算零距离，大幅提升芯片算力和能效水平。经过学术界与产业界多年研究认为，存算一体技术能够有效克服"存储墙"和"功耗墙"问题，是未来大幅提升算力和能效水平、满足人工智能等应用场景的最有潜力的技术路线之一。

最新进展

存算一体芯片在算力和能效上具备明显优势，发展前景十分广阔，国内外企业、科研院所纷纷布局。

学术机构方面，2016 年，美国加州大学圣塔芭芭拉分校的谢源教授团队提出利用忆阻器（ReRAM）构建基于存算一体架构的深度学习神经网络，相比冯·诺依曼计算架构的传统方案，功耗降低约 20 倍，速度提高约 50 倍。2019 年，密歇根大学卢伟教授及其团队成功研发出全球第一款基于 ReRAM 阵列的存算一体芯片，在一块芯片上实现了全部的存储和计算，其研究成果于发表在《自然·电子学》期刊上。2021 年，清华大学吴华强教授团队联合中国移动研制出全球首款基于 ReRAM 的多阵列存算一体全集成系统，忆阻器集成规模突破百万级，算力与能效比相同工艺下的传统处理器提升一两个数量级。目前清华大学已全面具备忆阻器存算一体芯片的本土设计、流片、封装和测试能力。

企业方面，国际信息产业巨头高度关注基于新型存储器的存算一体方案并持续加大资源投入。三星电子 2022 年在业内首次完成 28nm 磁性随机存储器（MRAM）小规模阵列级存算技术验证，可以做到 98% 的笔迹识别成功率、93% 的人脸识别准确率。IBM 欧洲研发中心 2020 年研发出基于相变存储器（PCM）的 90nm 存算一体芯片，以超低功耗实现复杂且准确的深度神经网络推理。国内如知存科技、昕原半导体、九天睿芯、苹芯科技等大量初创公司进入存算一体市场，其中知存科技 2022 年推出国际首个基于 Nor-Flash 的存算一体 SoC 芯片，可使用毫瓦级功耗完成深度学习运算，已完成批量生产，正式推向市场。

目前存算一体芯片面临的主要挑战是产业链尚不成熟，难以实现规模化的生产和行业应用，上游支撑不足，下游应用不匹配。具体而言，在上游支撑技术方面，目前主要的困境在于：一是部分关键器件的材料性能成熟度低，加工工艺不够完善，导致芯片的计算精度、耐久性、功耗、性能等指标尚待提高，存算一体的技术优势无法充分发挥；二是缺少成熟的 EDA 辅助设计和仿真验证工具，使得存算一体的架构设计效率较低，且无可复用的 IP 核，设计水平参差不齐；三是缺少通用性的存算一体软件工具链，造成不同厂商存算一体芯片的接口和软件互不兼容，阻碍产业生态发展。在下游落地应用方面，目前应用的边界条件限制较多，缺乏匹配存算一体芯片强算力、高能效的特征，需要进一步探寻规模化的应用场景。

因此，如何系统性地对存算一体芯片的材料、工艺和工具链技术进行完善和发展，有效支撑存算一体芯片的工程化生产和产业应用，是行业相关从业者需要重点解决的问题。具体来说，就是需要围绕存算一体芯片打造产业生态，以人工智能等算力密集型领域为依托，在推动关键器件性能和工艺优化的基础上，大力发展面向存算一体芯片的标准化和通用化软件工具链技术，通过高效的指令集、编译器、优化器等软件工具充分发挥存算一体芯片的算力效能，支撑 AI 模型在异构存算一体芯片架构上的灵活部署，构建基础应用技术通力；同时进一步探寻适用存算一体芯片的行业应用场景，推动成果转化和应用，加速构建存算一体技术与产业生态圈，将技术优势转化为产业优势。

重要意义

发展和完善存算一体芯片的关键器件材料制备技术、芯片设计和制造技术、软件工具链技术，推进存算一体技术的工程化和产业化进程，可以有效提升存算一体芯片的技术成熟度，缩短从芯片设计到落地应用的周期，满足急剧增长的算力需求，加快各行业的数智化转型的步伐，推动数字经济高质量发展，助力我国在新型计算领域构建自主可控产业和生态，缓解产业链卡脖子问题。同时，伴随存算一体芯片工程化和产业化的不断成熟，可以更好地发挥存算一体技术强算力、高能效的优势，推动端边云智能应用的发展。

3

碳中和背景下如何实现火电行业的低碳发展？

英文题目 How to Realize Low-carbon Development of Thermal Power Industry Under the Background of Carbon Neutrality ?

所属领域 生态环境

所属学科 环境科学技术

作者信息 刘舒巍　重庆远达烟气治理特许经营有限公司科技分公司

推荐学会 中国能源研究会

学会秘书 申志铎、宋文洋

中文关键词 燃煤电厂；燃气电厂；绿色发展；碳捕集利用与封存

英文关键词 Coal Power Plant；Gas Power Plant；Green Development；Carbon Capture；Utilization and Storage

推荐专家 史玉波　中国能源研究会理事长

　　　　　刘吉臻　中国工程院院士，新能源电力系统国家重点实验室主任

　　　　　汤广福　中国工程院院士，全球能源互联网研究院院长

　　　　　舒印彪　中国工程院院士，中国华能集团有限公司董事长

　　　　　孙正运　中国能源研究会副理事长兼秘书长

专家推荐词

碳中和背景下，电力行业特别是燃煤、燃气机组等火电行业的碳减排任务艰巨，研究火电行业在"碳捕集、利用与封存"技术支撑下的绿色发展，对我国未来的能源稳定、电力系统安全长效发展十分必要。

问题描述

碳中和背景下，电力行业，特别是燃煤、燃气机组等火电行业的碳减排任务艰巨，然而，现阶段如果过早以新能源大量替代煤电、气电，不仅我国电力系统的安全稳定运行受到严重影响，而且经济社会的运行也会受到重大影响。因此，加大可再生能源供能比例的同时，一定比例的燃煤、燃气等火电是我国电力系统安全长效发展的重要组成。提前布局研究火电行业在"碳捕集、利用与封存"技术支撑下的绿色发展，对我国未来的能源稳定、电力系统安全长效发展十分必要。

问题背景

电力行业碳排放量约占全国化石能源总排放量的45%，在我国提出"2030年碳达峰、2060年碳中和"目标后，电力行业，特别是燃煤、燃气机组等火电行业的碳减排任务艰巨，探索火电行业的减碳和负碳技术对我国未来的能源安全十分必要。目前，我国化石能源消费 CO_2 排放量较大并持续增加，正面临日益严峻的碳减排国际压力。因此，我国迫切需要采取有效措施，减缓碳排放强度。在中国煤炭为主体的能源结构背景下，调整能源结构，大力发展光伏、风电等新能源，逐步剥离火电，形成以可再生能源为主地能源消费模式，是降低碳排放、实现碳中和的重要手段。然而，现阶段如果过早以新能源大量替代煤电、气电，不仅我国电力系统的安全稳定运行受到严重影响，而且经济社会的运行也会受到重大影响。因此，加大可再生能源供能比例的同时，一定比例的燃煤、燃气等火电是我国电力系统安全长效发展的重要组成。碳捕集、利用与封存技术（简称 CCUS 技术）作为有望将我国从化石能源为主的能源体系向低碳能源体系平稳转变的重要技术保障，在我国电力系统低碳化发展进程中不可或缺。

最新进展

近年来，我国 CCUS 技术取得了显著发展，开发出了多种具有自主知识产权的技术，具备了大规模全流程系统的设计能力，但与国际先进水平相比仍然差距较大。目前，国内绝大多数燃煤、燃气电厂尚未采取有效碳减排措施，且尚无大规模燃煤、燃气电厂 CCUS 示范。国内燃煤电厂 CCUS 项目最大规模为 15 万吨 / 年，约占单台 300MW 机组年碳排放量的 10%，与国际水平相差较大（美国最大为 140 万吨 / 年），技术工业化还不够成熟；燃气电厂方面，国内最大的燃气电厂碳捕集示范装置仅为 1000 吨 / 年，尚处于中试阶段，国外已建成 30 万吨 / 年的燃气电厂 CCUS 示范装置。总体而言，目前我国燃煤电厂 CCUS 技术现状难以满足 "2060 碳中和" 背景下燃煤电厂深度脱碳要求，主要面临的问题一是碳捕集过程热耗、电耗较高导致的燃煤、燃气烟气碳捕集成本较高，二是碳利用与封存的全产业链的成熟度较低，往往出现捕集后的 CO_2 无处消纳的问题。科技部 21 世纪议程管理中心预测我国 CCUS 技术最佳窗口期为 2030 年至 2035 年。因此，在 "十四五" 期间，加强 CCUS 核心技术、装置及产品研发，推进 CCUS 技术创新和应用，对于应对未来 CCUS 产业化发展和实现我国碳中和目标均具有重要意义。

重要意义

研究火电行业在"碳捕集、利用与封存"技术支撑下的绿色发展，对我国未来的能源稳定、电力系统安全长效发展十分必要。2020 年国际能源署（IEA）指出，CCUS 是唯一能够在发电和工业过程中大幅减少化石燃料碳排放的解决方案，是实现 2℃途径的关键技术，预计至 2060 年累计减排量的 14% 来自 CCUS。随着外部环境的变化和 CCUS 技术的发展，在全球范围内，其定位由单纯的 CO_2 减排技术变成了支撑能源安全和经济发展的战略技术，未来很长一段时间，CCUS 技术将为全球能源行业的广泛转型做出贡献。在煤炭、天然气为主体的能源结构背景下，CCUS 是中国碳减排的重要技术，也是应对全球气候变化、控制温室气体排放的重要手段，对实现碳中和具有重要意义。推进 CCUS 产业发展，能够实现燃煤、燃气机组等火电行业在碳中和背景下的绿色发展。并且，CCUS 技术可有效减少火电行业 CO_2 排放，加快火电行业绿色低碳发展步伐，对于温室气体减排和缓解全球气候变化裨益良多，将为国家可持续发展和美丽中国建设作出重要贡献。

4

如何通过标准化设计、自动化生产、机器人施工和装配式建造系统性解决建筑工业化和高能耗问题?

英文题目　How to Provide a Systematic Solution of Construction Industrialization and Energy Consumption by Standardized Design, Auto-manufacture, Robotic Construction and Prefabricated Construction?

所属领域　地球科学（含深地深海）

所属学科　土木建筑工程；机械工程

作者信息　刘佳瑞　广东博意建筑设计院有限公司

　　　　　　黎加纯　广东博意建筑设计院有限公司

　　　　　　邓宝瑜　广东博意建筑设计院有限公司

推荐学会　中国土木工程学会

学会秘书　包雪松

中文关键词　建筑工业化；高能耗；标准化设计；自动化生产；机器人施工；装配式建造；系统性

英文关键词　Construction Industrialization；Energy Consumption；

Standardized Design；Auto-manufacture；Robot in Construction；Prefabricated；Systematic Solution

推荐专家　易　军　住建部原副部长，中国土木工程学会理事长

专家推荐词

突破现有建筑业建造模式和能耗减量将为我国建筑业向工业化、低排放全面转型奠定坚实的技术基础，对我国建筑业发展具有重要的战略意义。

问题描述

建筑业面临发展方式粗放、劳动生产率低、高耗能高排放等问题。同时，随着生育率持续降低、人口老龄化加剧导致建筑工人正逐年减少。如何从劳动密集型、高能耗产业向工业化、低能耗转型升级是需要建筑业和制造业共同关注的产业技术问题。围绕新型建筑工业化和高能耗这一共性问题，亟须开展下列问题的研究。

（1）系列化标准化设计

新型建造技术的创新发展，带动技术自上而下的系统性变革，如何统筹设计、生产、施工等全产业链，形成完整的标准体系、开发因地制宜的标准产品，推动全产业链协同。

（2）加强基础技术研发

基于建造设备、材料和生产建造工艺的革命性发展，以搭建低碳化、高效的装配式建造体系和优化连接节点简化施工为目标，如何开展建筑生产建造全过程设计理论、方法和关键技术的研发。

（3）优化生产建造设备

建筑业机械化、信息化、智能化水平落后，缺乏相关技术标准和应用技术，如何研发与低碳化、高品质建筑生产建造相适应的自动化生产、机器人建造设备，建立建筑工业化生产建造设备生产、安装等技术体系。

问题背景

《中国建筑能耗研究报告（2020）》显示，建筑能耗占全国能源消费总量的比重为45.8%。其中，建筑建材生产和施工阶段能耗占全国能源消费总量的24.6%，碳排放量更是占全国碳排放总量的29.0%。为了解决建筑业高能耗的问题，2021年《关于完整准确全面贯彻新发展理念做好碳达峰碳中和工作的意见》提出建筑业应推动产业结构优化升级、加快推进工业领域低碳工艺革新和数字化转型，实施工程建设全过程绿色建造。

建造活动经历了人力、机械化、自动化及数字化等阶段，建造的发展与四次工业革命的典型创新技术紧密结合，进而实现装备、技术、方法和理论的创新。我国的新型建筑工业化建设推进已有十余年，然而，建筑的生产建造方式并没有因为建设量的飞速增长而取得长足的进步，依旧没有摆脱手工业的、粗放型的建造方式，还是一个劳动密集型的产业，建筑劳动生产率仅是发达国家的三分之二左右，机械化、信息化、智能化程度不高。随着《中国制造2025》行动纲领的不断落实，中国装备制造业已经迈上了新的台阶。如何充分利用我国工业制造业大发展的浪潮，促进建筑业向工业化转型，成为行业摆脱手工业的、粗放型发展的重要契机。

最新进展

新型建筑工业化是以工业化发展成就为基础、融合现代信息技术，通过精益化、智能化的设计、生产、施工，全面提升工程质量性能和品质，达到高效益、高质量、低消耗、低排放的发展目标。

2020 年 9 月，国家九部委联合发文《关于加快新型建筑工业化发展的若干意见》就明确提出应"加强系统化集成设计"，并"推进标准化设计"。现阶段我国建筑产品的设计体系是以现浇混凝土技术大规模应用作为基础的，建筑产品以定制化的设计为主导。建筑产品对于市场适应性等原因，难以定型化、标准化，造成了生产资料的大量浪费，难以实现高效率、低碳化的生产方式。

《中国制造 2025》行动纲领的不断落实，将促进我国装备制造业一次里程碑式的进步，随之而来的生产建造技术的革新运动，为建筑业的发展提供了核心驱动力。2016 年，中国自动化学会成立建筑机器人专业委员会，旨在联合全国的机器人、建筑工程、工程装备等领域专家和机构，共同推进机器人相关技术在建筑生产建造全过程的各类应用。针对装配式建筑，专委会对机器人技术的应用途径及技术难点进行了探讨，一致认为包括构件生产制造在内，涵盖现场吊装、内部装修、检测等多个场合，机器人技术极具应用前景。经过几年的发展，新型生产建造技术已逐步开始应用，用于建筑部品部件流水线生产，现场砌筑、铺贴、喷涂等用途的机器人相继面世。基于机器人技术的新型工业化建造已成为时代潮流，打造集标准化设计、智能化装备、自动化生产、智慧化物流、机器人一体化施工及装配式建造的全流程生态圈成为全球关注问题。

自 2016 年国务院办公厅印发《关于大力发展装配式建筑的指导意见》以来，以装配式建筑为代表的新型建筑工业化快速推进，建造水平和建筑品质明显提高。我国已在建造标准、工艺规范与流程、BIM 辅助设计 / 建造、优化管理等方面开展了大量研究与实践。而新型建筑工业化的"新"

主要体现在建造方式的"新",即从传统的、手工业的、粗放型的建造方式转向新型的、工业化的、精细化的建造方式。通过认定一大批装配式建筑示范城市和产业基地,建设一定规模的试点示范工程项目,为全面推进新型建筑工业化奠定了良好的发展基础。

建筑业不能再走"大量建设、大量消耗、大量排放"的传统的发展道路,而是需要解决全产业链、全生命周期的发展问题,重点解决建造过程的连续性问题,实现整体效益的最大化,实现部品部件大规模的、工厂化的流水作业的生产。2021年3月发布的《第十四个五年规划和2035年远景目标纲要》提出:"十四五"期间,发展智能建造,推广绿色建材、装配式建筑和钢结构住宅,建设低碳城市。同时以装配式建筑为载体,协同推进智能建造与新型建筑工业化。如何通过标准化设计、自动化生产、机器人施工和装配式建造系统性解决建筑工业化和高能耗成为持续推进我国建筑工业化转型的关键问题。

重要意义

我国工业制造技术的革命性发展,为建筑业向先进的科学和工业生产看齐提供了良好的契机,有效地促进了建筑业从手工业向工业化转型升级。通过研发、设计、生产、施工等全产业链的联动,采用标准化设计、自动化生产,机器人施工和装配式建造相结合的方式将有效提升建筑的生产效率和质量,有效节约生产建造阶段的材料消耗,降低建筑碳排放,带来了良好的经济效益。同时,先进的生产建造方式,可以有效减少施工现场扬尘、噪音等污染,具有良好的社会效益。新型工业化生产建造方式的研发和应用将有效解决目前建筑业低效率、低品质、高能耗、高排放等问题,为实现"双碳"目标做出了切实有效的举措,推动建筑业高效益、高质量、可持续发展。

5 如何发展自主可控的工业设计软件?

英文题目 How to Develop Autonomous and Controllable Industrial Design Software?

所属领域 制造科技

所属学科 机械设计及理论、控制科学与工程、智能制造

作者信息 张士运 北京市科学技术研究院科技情报研究所

蒋慧工 上海市浦东新区区府办

张振伟 北京市科学技术研究院创新发展战略研究所

推荐学会 中国科学学与科技政策研究会

学会秘书 寇明桂

中文关键词 信息技术；工业产品设计；软件

英文关键词 Information Technology; Industrial design; Software

推荐专家 穆荣平 中国科学学与科技政策研究会理事长

陈　光 中国科学学与科技政策研究会秘书长

专家推荐词

我国是制造业大国,但工业产品的设计,严重依赖于国外工业设计软件,缺少自主可控、性能优越的工业产品设计软件。我国从制造大国向制

造强国转变，所有新产品设计都离不开不断升级的设计软件，但现状是我国工业在产品研发设计环节就受制于人，制约工业向高端制造升级。这是我国建设工业强国面临的瓶颈。

问题描述

工业软件是指在工业领域辅助进行工业设计、生产、通信、控制的软件，包括产品研发设计、生产制造、经营管理、运维服务等几大类。工业软件主要作用是提高工业研发设计、业务管理、生产调度和过程控制水平。在数字经济时代，无论是中国的"智能制造"、还是德国的"工业4.0"，或是美国的"工业互联网"，背后都离不开工业软件的支撑。

在工业软件中，我国最薄弱的就是工业产品设计软件，"卡脖子"现象最为明显。工业产品设计软件是工业产品研发的重要工具，其前端性决定着工业产品的水平、质量、效率和竞争力。我国的工业产品设计软件，特别是与产品创新相关度最高的产品研发设计软件，包括计算机辅助设计（CAD）软件、计算机辅助工程（CAE）软件、计算机辅助制造（CAM）软件、电子设计自动化（EDA）软件等，主要使用国外软件，缺少自主研发的性能优越的工业设计软件。造成我国的工业发展在研发设计环节即受制于人，在向制造强国、工业强国发展过程中面临基础性瓶颈。如何发展自主可控的工业产品设计软件？是我国制造业发展面临的重大、紧迫现实问题。

问题背景

我国改革开放以来，制造业飞速发展，成为世界第一制造大国。但在制造业产品研发设计方面，应用的大部分工业软件都是国外软件，缺少自己的工业设计软件，特别是高端工业设计软件。20世纪80—90年代，我国工业软件曾紧跟世界发展潮流，在国家科委"CAD应用工程"等计划的推动下，国内掀起工业软件研发、推广和应用的高潮，发展形成一批具有自主产权的工业产品设计软件。进入21世纪以后，工业产品设计软件的技术门槛进一步升级、外商新产品大量涌入，市场化竞争更加激烈，我国工业产品设计软件企业、机构逐渐退出竞争，被挤出市场，核心技术能力与发达国家相比差距逐渐拉大。例如：

集成电路设计的核心工具——EDA软件。华为被美国列入实体清单，被迫终止与美国射频芯片厂商的合作，买不到射频芯片，新型手机只能"望芯兴叹"。更严重的是，美国EDA软件厂商终止与华为的合作，直接从上游设计领域卡住自研芯片的脖子，中兴国际也被美国公司断供EDA软件。EDA到底是什么，为什么那么重要？ EDA全称电子设计自动化（Electronic Design Automation），是用来设计超大规模集成电路的一种软件。IC设计的高端软件EDA工具基本上由Synopsys、Cadence、Mentor Graphic三家公司垄断，全球EDA产业已经形成了三巨头公司寡头垄断格局，在中国市场上，EDA的市场份额中三巨头更是占到了95%以上，集中度更高。EDA软件的国产化替代势在必行，但面临技术门槛高、技术集成度高、人才门槛高、知识产权保护弱等现实难题。

机械、工程领域的研发设计工具——CAD软件。CAD软件的发展，从2D走向3D，甚至5D，应用于汽车制造、航空航天、机械、建筑、船舶、模具等众多行业，是一系列智能制造流程的必要前提。国产大飞机C919使用的设计工具，是法国达索的CATIA软件。在汽车制造、机械制造等领域，国内企业也基本离不开CATIA、UG、AutoCAD等国外3D CAD软件。国产3D CAD目前在高端制造领域还没有替代能力，如果被卡住脖子，我国企业产品在研发设计阶段就将落后于国外竞争对手。CAD 软件超过 90% 的市场在德国西门子、美国 PTC、Autodest 和法国达索手中。

研发设计中的工程分析工具——CAE 软件。从工程角度说，CAE 软件是用计算机辅助求解、分析、优化复杂工程和产品的结构力学性能等，并把工程（制造）的各个环节有机地组织起来，应用于工程（制造）的全生命周期，在高端装备结构设计、制造中发挥着重要作用。CAE 软在产品设计过程中，能够起到优化设计方案、提升产品性能、大幅减少试验次数、提升研发效率等效果，是产品研发实现正向设计、原始创新的重要工具软件。CAE 软件市场的主要企业有美国 Ansysinc、MSC，法国的达索，德国西门子等。

另外，工业领域中还有很多行业依赖于外国工业产品设计软件，如专用和通用的产品研发设计软件，是可勾画高精准 3D 模型并快速建模的电脑图像 CG 软件 modo，以及 Rhinoceros、AutodeskAlias（行业标准软件之一）、CreoElement 软件等；用于设计发动机、机电仪器内部零件等机械产品的精密固件工业设计软件 Autodesk inventor、Solidworks 等；综合类协同工业设计软件 Catia、SiemensNX 等；工业产品设计辅助软件 TechvizVR；快速创意塑形软件 3Dsmax，以及开源软件 blender 等，几乎都是国外品牌。

目前，相关国外的工业设计软件还可以继续为我所用，这种产业技术短板对我国当前工业产品的设计开发无太大影响，但是，我国企业应用的工业产品设计软件，一般距最新最高版本会有一段时间差，甚至大部分企业不会用到最新最高版本，从而影响我国向制造业强国的迈进。一旦发生制裁事件，我国的工业产品研发设计还将面临严重困境。

最新进展

虽然华为、宝钢软件、青岛海尔等工业软件企业已位列世界前十，但是我国工业产品的研发设计软件使用国外软件的情况总体上没有发生根本性改变。主要因为国外软件更为成熟、使用方便、效率更高，有些软件采取开源策略，积累了大量工业用户和外围开发者，在全球竞争中取得较大的优势。由于市场、技术等各方面的风险，国内企业投巨资开发此类软件的意愿明显较低。自主开发面临的关键难点是研发设计软件的性价比，即软件的性能是否优越、质量是否稳定？与其他研发设计软件兼容性如何？价格是否低廉？

在工业产品设计软件领域，我国有部分企业在坚持和追赶，例如数码大方、中望、浩辰软件、华天软件等。北京数码大方科技股份有限公司是 CAD 和 PLM 软件供应商，拥有自主知识产权的系列化的 CAD、CAPP、CAM、DNC、PDM、MPM 等软件产品和解决方案。广州中望龙腾软件股份有限公司专注于 CAD 平台软件研发，2018 年开始进军 CAE 领域，成为国内横跨二维 CAD、三维 CAD/CAM、仿真 CAE 的国产工业软件厂商。苏州浩辰软件股份有限公司为用户提供浩辰 CAD、浩辰 3D、浩辰 CAD 看图王等产品以及围绕前述产品的相关服务，产品销往全球 100 多个国家，支持 14 个语言版本。山东山大华天软件有限公司，国家重点软件企业，拥有三维设计、智能管理、可视化三大技术平台和创新设计、卓越制造、数字化服务三大系列产品线，业务范围包括 PLM、PDM、CAPP、3D CAPP、CAD、CAM、MES、WMS、SRM、LES 等，拥有三维 CAD 内核技术。虽然我国企业和机构在工业产品设计软件领域不断取得进步，但是与国外工业产品设计软件企业巨头们相比，技术水平和能力还存在较大差距，产品大多处于低端层次，市场竞争力较弱。在中低端环节，市场占有率也普遍低于国外企业，在高端环节，国内企业的市场占有率更低，有些领域甚至没有一席之地。

工业软件行业的发展也已提高到国家战略发展高度，在产业发展方面获得大量国家政策支持，有利于促进行业全面快速发展。2021 年 12 月，工信部等八部门发布《"十四五"智能制造发展规划》，提出开发面向产品全生命周期和制造全过程各环节的核心软件，包括 CAD/CAE/CAPP/CAM/PLM/PDM 等研发设计类软件。2021 年 11 月，工信部发布《"十四五"软件和信息技术服务业发展规划》，提出重点突破工业软件。研发推广计算机辅助设计、仿真、计算等工具软件，大力发展关键工业控制软件。突破三维几何建模引擎、约束求解引擎等关键技术，探索开放式工业软件架构、系统级设计与仿真等技术路径。重点支持三维计算机辅助设计、结构 / 流体等多物理场计算机辅助计算、基于模型的系统工程等产品研发。

重要意义

我国已经是全球最大制造业国家，而且规模还在不断扩大，因而大量工业行业需要研发新产品开拓新市场、从事技术革新。小到零配件设计，大到大型设备的设计，都离不开工业产品设计软件。如果有了自己的产品研发类设计软件，不仅可以提高设计效率和设计质量，而且在国际竞争升级时，可以提高制造业的竞争底气，不必担忧被制裁。

我国必然从制造大国走向制造强国，大量机械装备、加工设备、零部件研发创新的技术含量越来越高，外形和内部结构越来越复杂。现有国外软件能否永远适用？估计会有一定问题。如果我们拥有性能优越自主研制的工业产品研发设计软件，这些企业就可与用户共同调整创新，使产品研发类工业设计软件不断适应制造业发展新需求。虽然外国软件也可根据我们的需求不断改进，但进度和价格不可控，而且始终存在被卡脖子的担忧。我们拥有自己的产品研发类设计软件，不仅可保障大国重器掌握在自己手中，还可辅助制造业上新台阶。

6 如何利用多源数据实现农作物病虫害精准预报？

英文题目 How to Precisely Predict Agricultural Diseases and Pests Using Multi-source Data?

所属领域 农业科技（含食品）

所属学科 农学

作者信息 封洪强　河南省农业科学院

姚　青　浙江理工大学

黄文江　中国科学院空天信息创新研究院

胡小平　西北农林科技大学

胡　高　南京农业大学

刘　杰　全国农业技术推广服务中心

推荐学会 中国植物保护学会

学会秘书 张云慧

中文关键词 农业病虫害；多源数据；精准预报；模型

英文关键词 Agricultural Diseases and Pests; Multi-source Data; Precisely Prediction; Model

推荐专家 陈剑平　中国工程院院士，中国植物保护学会理事长

赵春江　中国工程院院士，国家农业信息化工程技术研究中心主任

宋宝安　中国工程院院士，贵州大学校长

康振生　中国工程院院士，西北农林科技大学，国家重点实验室主任

陈万权　中国农业科学院研究生院副院长

专家推荐词

该问题是限制传统农业向现代化、智能化生产方式转型升级的瓶颈，一旦突破将使我国农作物病虫害防控做到有的放矢、变被动为主动，有效提高病虫害防治效率和效果，节省人力物力、减少环境污染，带来生产方式的革新。

问题描述

随着遥感、物联网、人工智能等信息技术在农作物病虫害监测中的应用，我们获取的田间环境和病虫害的信息呈现出井喷式增长，为病虫害预报提供了可靠的实时监测数据。然而，这些数据只流于病虫害发生信息的可视化展示，未能在农作物病虫害预报中发挥应有作用，植保技术人员仍凭借多年经验对病虫害发生趋势进行预报。在信息技术日新月异的今天，亟须建成覆盖全国的主要农作物病虫害精准预报模型，解决海量多源数据到病虫害精准预报之间最后一公里问题。

问题背景

粮食安全是国际社会关注的热点问题，也是关系我国经济发展、社会稳定和国家自立自强的全局性重大战略问题。农作物病虫害是制约农业生

产、威胁粮食安全的重要因素之一。据联合国粮农组织（FAO）2022年统计，全球范围内农作物病虫害每年可造成粮食产量损失近40%，经济损失超过2200亿美元。"十三五"期间（2016—2020年），我国粮食作物病虫害年均发生面积63亿亩次、防治面积79亿亩次，经防治每年挽回粮食损失约873亿千克，占粮食总产量的13.17%；防治后仍存在144亿~170亿千克粮食损失，"虫口夺粮"的潜力和压力并存。病虫害的精准预报是指导科学防控的基础。在病虫害防治的最佳时期采取防控措施可最大程度地挽回损失并节省大量的人力物力。由于农作物病虫害发生与发展受到寄主特性、气象、生境等多因素影响，作用机制复杂，预报时除考虑农业有害生物自身的生物学特性外，还需要考虑寄主、环境、人为干预等因素的综合效应。近年来，在全球变化的大背景下，农作物病虫害频发且呈现全球性的扩散蔓延和迁飞传播趋势，给农作物病虫害精准预报带来了新的挑战。

当前，我国植保科技工作者将新一代信息技术应用到农作物病虫害的智能监测中，研发了多种病虫害智能监测设备，实现了病虫害发生及其环境数据的实时采集，初步建成了覆盖全国的病虫害智能监测网络和信息平台，并用于指导病虫害的测报和防控工作。但通过先进的智能监测设备获得的不同类型病虫害的海量数据，只流于病虫害发生信息的可视化展示，未实现开放共享和深度挖掘，未在农作物病虫害预报中发挥应有的作用。目前植保技术人员主要根据智能设备提供的监测数据，凭借多年经验对病虫害发生趋势进行预报。各级农业主管部门每年都组织大量专家对病虫发生情况进行研判并做出发生趋势预报。在信息技术日新月异的今天，如何实现多源数据协同和开放共享，综合利用病虫害个体感知信息、病虫害发生生境信息、遥感影像等多源数据建立满足生产需求的不同时空尺度的农作物病虫害预报模型，是当前病虫害精准预报面临的重大难题。

最新进展

近年来，国内相关单位自主研发了基于中尺度大气模式的迁飞昆虫三维轨迹分析平台；气象因素、寄主植物、迁飞、化学防控等因子驱动的，覆盖华北 11 个省（自治区、直辖市）的区域性棉铃虫种群动态模型；基于十余种气象因子自动监测、无线传输和云存储，结合初始菌源量，智能化和自动化预报小麦病害的云端模型；针对小麦、玉米、水稻等主要作物的重大病虫害，耦合遥感机制和病虫迁飞扩散机理的动态预报模型。以上成果有效提高了我国棉铃虫、稻飞虱、草地贪夜蛾、赤霉病、条锈病等重大农作物病虫害监测预警的时效性和准确性，然而目前仍然存在重监测轻预报、重数据积累轻数据挖掘、研究者协同创新不够等问题，导致模型的精度和普适性较差，距离生产需求还有相当大的差距。

未来面临的关键难点与挑战主要为：① 多源数据的校准、规范和开放共享，② 生物和非生物因素对农作物病虫害的复杂影响机制的解析，③ 多时空尺度农作物病虫害精准预报模型的建立与有效性验证。

重要意义

如果本产业技术问题通过联合攻关取得突破后，将大幅提高农作物病虫害的预报精准度，有效指导我国农作物病虫害在最佳防治时期开展防治，显著提高防治效果，多挽回产量损失约 100 亿千克，产生直接经济效益约 200 亿元。同时，由于病虫害在最佳防治时期抗药性低，在此时期防治将减少农药使用量及其对环境的污染，对保障国家粮食安全、农产品质量安全和生态环境安全具有重要的意义。本问题的突破将有效改变我国病虫害监测与预报模式，使农业生产中最复杂、风险最大的植物保护工作实现自动化和智能化，助推我国农业生产全过程走向科学化、智能化，大大提升农业生产的效率和效益，释放更多的劳动力，为我国经济发展注入新的活力。

7 如何采用非石油原料高效、安全地合成己二腈？

英文题目　How to Synthesize Adiponitrile Efficiently and Safely from non petroleum starting materials？

所属领域　数理化基础科学

所属学科　化学

作者信息　俞　磊　扬州大学

推荐学会　中国化学会

学会秘书　鞠华俊

中文关键词　己二腈；尼龙 –66；催化剂设计；绿色化学工艺

英文关键词　Adiponitrile；Nylon–66；Catalyst Design；Green Chemical Process

推荐专家　丁克鸿　中化控股江苏扬农化工集团有限公司首席科学家

专家推荐词

己二腈目前主要通过丁二烯氰化法合成。该方法使用剧毒的氰化氢，且使用来自石油的丁二烯原料。我国的石油资源并不丰富。采用该技术，会受制于原油行情。以非石油原料合成己二腈，能够突破资源限制，有很好的战略意义。

问题描述

己二腈是一种重要的有机化工中间体，主用于生产尼龙–66。我国对尼龙–66需求极大，目前主要向国外购买原料己二腈，长期受制于人。己二腈供应不足，已成为制约我国尼龙–66行业发展的"卡脖子"问题。发展适合我国资源拥有国情的新技术，采用非石油原料高效、安全地合成己二腈，是关系到我国国计民生和战略物资安全的重要课题。

问题背景

目前主流的己二腈生产方法是丁二烯直接氰化法。该方法原料成本、反应能耗以及废弃物排放都很低，但其反应过程烦琐，涉及的技术瓶颈很多，这些技术瓶颈目前被国外垄断企业严密封锁。此外，该方法使用的原料氰化氢剧毒，一旦泄漏后果不堪设想。

虽然国内自2013年起就已经开始建设运行丁二烯氢氰化法中试装置，但截至目前，其技术壁垒依旧没有消除。与国内缓慢的进展相比，国外己二腈生产商的技术优势却在进一步变大。全球最大的己二腈生产供应商奥升德和英威达的生产装置经过多年的优化消缺运行，技术不断升级，能耗更低、生产成本也更低。因此，沿着原有跑道，在丁二烯直接氰化法的路线上进行改进，很难超越国外竞争企业。此外，由于原料丁二烯主要由石油提炼而成，该工艺路线受制于国际原油供应，不符合我国的资源拥有国情。

最新进展

开发简洁、绿色、安全的己二腈（胺）合成新方法，能够解决我国尼龙–66行业发展的"卡脖子"问题。最近几年以来，国内不断有新方法报道，例如大连化学物理所的己二醇氨氧化法（CN201410164307.5）与环己醇氨氧化法（201711336931.9）、中科院过程工程研究所的己二酸二酯氨解脱水法（CN201910501004.0）、天津大学的正己烷氨氧化法（CN201910175210.7）、浙江理工大学的丙腈芬顿氧化法（CN202010240483.8）、扬州大学的环己烯氨氧化法（CN201810267865.2）。此外，大连化学物理所还发展出绕过己二腈的环己烯、己二醛、己二胺合成路线（CN201911295990.5）。类似地，北京旭阳科技有限公司发展出环己烯、环己二醇、己二醛、己二胺路线（CN201410488395.4）。

这些方法，为解决己二腈合成这一"卡脖子"问题，实现对国外垄断企业在技术上的弯道超车奠定了基础，但其中尚有许多问题较难解决，如催化剂成本、稳定性、避免苛刻的反应条件等。要解决这些问题，不仅需要进行技术上的改进，更需要从基础研究角度来进行深入的科学原理研究，明确各种方法的反应机制和催化剂的构效关系，发展相关科学理论。最终，可基于这些理论来进行新催化剂与工艺路线的设计。因此，该问题的解决必须发挥基础研究的力量，在坚实的科学基础上进行技术开发，是涉及催化化学、有机化学、合成化学、材料化学等多个学科领域的交叉研究课题。

重要意义

发展新合成路线，采用非石油原料高效、安全地合成己二腈，一方面能够实现对现有丁二烯直接氰化法技术的超越，获得自主知识产权，解决我国尼龙–66行业发展的"卡脖子"问题；另一方面，不使用石油原料，可避免生产受国际原油供应的制约，符合我国的国情。相关研究还将获得一系列新的科学发现，产生相关的科学理论，并显著推动催化化学、有机化学、合成化学、材料化学等多个学科领域的交叉发展。

小麦茎基腐病近年为什么会在我国小麦主产区暴发成灾，如何进行科学有效地防控？

英文题目 Why Wheat Crown rot Outbreak in Major Wheat Producing Areas in China in Recent Years and How to Manage it Effectively?

所属领域 农业科技（含食品）

所属学科 植物保护

作者信息 李洪连　河南农业大学

推荐学会 中国植物病理学会

学会秘书 邹菊华

中文关键词 小麦；茎基腐病；成灾机理；防控技术

英文关键词 Wheat; Crown Rot; Disaster Mechanism; Disease Management

推荐专家 彭友良　中国植物病理学会理事长，中国农业大学植物保护学院教授

　　　　　康振生　中国工程院院士，西北农林科技大学教授

　　　　　陈剑平　中国工程院院士、宁波大学教授

　　　　　王福祥　中国植物病理学会副理事长，全国农技推广中

心副主任

韩成贵　中国植物病理学会副理事长，中国农业大学植
物保护学院教授

专家推荐词

小麦为我国重要的主粮作物，常年种植面积达到 3.6 亿亩，在国家粮食安全工作中占有十分重要的地位。小麦茎基腐病目前已经成为我国小麦主产区生产上重大问题，对小麦安全生产构成严重威胁。本问题解决后，将为我国小麦丰产稳产和国家粮食安全奠定坚实基础，具有重大的经济、社会效益。

问题描述

近年来，小麦茎基腐病在我国小麦主产区（河南、山东、河北、安徽、江苏、陕西等省）逐年加重，部分区域暴发成灾，造成严重减产，对小麦生产和国家粮食安全构成严重威胁。由于该病属我国新发病害，对其成灾机理尚不清楚，加上抗病品种匮乏，关键防控手段不足，给该病有效治理带来严重困难，亟待尽快解决。

问题背景

小麦茎基腐病（Crown Rot of Wheat，优势病原菌为假禾谷镰孢 *Fusarium pseudograminearum*）于 20 世纪 50 年代在澳大利亚 Queensland 首次报道，目前该病已经成为一种重要的世界性小麦土传病害，在澳洲、美洲、欧洲、亚洲、非洲的数十个国家均有报道该病害的发生。2012 年，河南农业大学李洪连教授团队在我国河南沁阳首次报道了由假禾谷镰孢引起的小麦茎基腐病。近年来，由于持续多年秸秆还田造成菌原积累，加上

小麦品种抗性普遍较差，气候变暖、土壤生态条件恶化等环境条件因素影响，茎基腐病在我国黄淮小麦主产区发生逐年加重，特别是豫北、豫中东、冀中南、鲁西南、鲁西北、皖北、苏北等不少地区造成严重损失，成为继条锈病、赤霉病等重大病害后，对我国小麦安全生产构成巨大威胁的新型病害。据有关部门调查统计，仅河南、山东及河北三省，小麦茎基腐病的发生面积就达 3000 万亩以上，一般病田可引起减产 20% ~ 30%，重病田产量损失达到 70% 以上，对小麦生产威胁极大。

近年，小麦茎基腐病在我国的快速蔓延和严重危害已经引起农业农村部、有关省份及众多科技工作者的高度关注。据不完全统计，已有河南农业大学、山东农业大学、河北农业大学、河南农科院植保所、山东农科院植保所、河北农科院植保所、中国农科院植保所、江苏农科院植保所、西北农林科技大学等数十家教学科研单位的科技人员开始从事该病害的研究工作，农业农村部以及河南省、山东省、河北省等小麦主产省已经将该病害列入小麦上重点监测和防控病害之一。

最新进展

（1）小麦茎基腐病的病原菌种类

近年河南农业大学等单位研究发现，我国黄淮麦区小麦茎基腐病病原菌比较复杂，包括假禾谷镰孢（*F. pseudograminearum*）、禾谷镰孢（*F. graminearum*）、黄色镰孢（*F. culmorum*）、燕麦镰孢（*F. avenaceum*）、层出镰孢（*F. proliferatum*）等多种镰孢菌，以假禾谷镰孢占比最高，为优势病原菌；各地病原菌分离比率有一定差异，其中河南、河北、山东等黄海北部等省份小麦茎基腐病病原菌以假禾谷镰孢为优势种，而皖北、苏北等黄淮南部地区以禾谷镰孢复合种为主，但假禾谷镰孢引起的小麦茎基腐病造成的产量损失更大，这一研究结果与国外基本一致。另外，河南农业大学李洪连教授团队通过室内人工接种测定了不同病原镰孢菌的致病力，结果表明假禾谷镰孢的致病力最强，其次为黄色镰孢和禾谷镰孢，而层出镰孢、燕麦镰孢、木贼镰孢和三线镰孢等的致病力比较弱，同时发现假禾谷镰孢不同分离物之间存在明显的致病力分化。

（2）病原物快速多重检测技术

鉴于小麦茎基部及根部病原种类复杂，复合侵染比较普遍，病害诊断特别是早期诊断比较困难。近年河南农业大学等单位对小麦根茎病害主要病原物的快速检测技术进行了研究，构建了同时检测小麦5种主要土传病原物（含假禾谷镰孢、禾谷镰孢、禾谷丝核菌、禾顶囊壳、麦根腐蠕孢）的多重 PCR 检测体系，以及假禾谷镰刀菌的 LAMP 检测技术体系，为病害早期诊断提供了技术支撑。

（3）病害发生规律

目前研究发现，小麦茎基腐病的发生与品种抗性、耕作制度、土壤生态及气候条件有比较密切关系。长期连作、秸秆还田、偏施氮肥、土壤盐碱化、灌浆期干旱等有利于病害发生。但对这些因素如何影响病害发生程度及其机理研究很少。

（4）品种抗病性研究

近年关于小麦品种对茎基腐病的抗性有一些研究报道。但总的来说，生产上推广的小麦品种对茎基腐病普遍表现感病或高度感病，室内接种鉴定鉴定基本上没有发现抗病品种。但在田间病圃鉴定中发现，品种之间对茎基腐病抗性存在一定差异，少数品种在田间可以达到中抗水平，具有一定的生产利用价值。河南农业大学农学院陈锋团队研究发现了一个小麦茎基腐病相关基因 TaDIR-B1，该基因缺失可以增强小麦抗茎基腐病抗性能力，并发现该基因可能是通过改变植株木质素含量调控小麦茎基腐病的抗性；山东农业大学农学院孔令让团队从小麦近缘植物长穗偃麦草中首次克隆出抗赤霉病主效基因 Fhb7，且成功将其转移至小麦品种中，明确并验证了其在小麦抗病育种中不仅具有稳定的赤霉病抗性，而且对小麦茎基腐病也具有明显抗性，该研究成果被列入 2020 中国十大科技进展。

（5）防控技术

国内目前对于小麦茎基腐病的防控技术研究主要集中在筛选和培育抗病品种、生防菌剂研发和化学防治研究等方面。但抗病育种工作刚刚开始，生产上能够大面积推广的抗病丰产品种很少；河南农科院植保所与河南农业大学等单位合作在小麦茎基腐病的生物防治方面开展了相关研发工作，筛选出一批高效生防菌株并初步开发出两种生防菌剂，正在进行田间试验示范；河南农业大学联合一些农化企业在防治药剂筛选和研制方面进行了一些探索性工作，初步筛选出戊唑醇、丙硫菌唑、适麦丹、三氟吡啶胺等一批高活性杀菌剂。

（6）我国小麦茎基腐病研究未来面临的关键难点与挑战

①小麦茎基腐病与赤霉病有什么关系？由于假禾谷镰孢既可以引起茎基腐病，也可以引起严重的穗腐病（赤霉病）；而禾谷镰孢同样既可以引起赤霉病（穗腐病），也能引起茎基腐病，而且在黄淮麦区一些地区两种病原菌同时存在，小麦赤霉病穗上假禾谷镰孢的分离频率呈现不断上升的趋势，茎基腐病与赤霉病之间究竟是一种什么样的关系，如何进行联防联控，需要进一步探究。

②小麦茎基腐病为什么会暴发成灾？自 2012 年国内河南首次报道假禾谷镰孢引起的茎基腐病，从一个局部的新发病害，到目前该病在黄淮小麦主产区普遍暴发，并逐渐蔓延至西北麦区、华北麦区及长江流域麦区，

波及范围之广，造成损失如此严重，其中原因亟须加以明晰，以便给病害监测防控工作提供理论指导。

③如何培育抗病丰产品种？由于当前推广的小麦品种普遍感病，抗源比较匮乏，相关抗性分子机理研究不足，需要尽快从多渠道筛选抗源材料，通过常规加分子育种相结合的手段加快抗茎基腐病育种进程，尽快培育出能够在生产上大面积推广的抗病丰产小麦品种。

④如何进行小麦茎基腐病的有效防控？需要在明确小麦茎基腐病发生规律及成灾机理的基础上，开展简便农业农艺防病技术、高效生防菌剂研发、高效防控药剂研发等关键防控技术研究，并在此基础上进行防控技术集成，在重病区进行示范推广，以能够有效地控制病害蔓延和危害。

另外，对病原物致病的分子机理及其与寄主互作、病原物生态学及其在田间的消长规律，气候变化对病害发生的影响，秸秆还田对病害成灾的作用等问题也需要进行深入系统研究。

重要意义

小麦是我国重要的口粮作物，常年种植面积达到 3.6 亿亩左右，在国家粮食安全工作中占有十分重要的地位。小麦茎基腐病目前已经成为我国小麦主产区生产上重大问题，对小麦安全生产构成严重威胁。本问题解决后，将为我国小麦丰产稳产和国家粮食安全奠定坚实基础，具有重大的经济、社会效益。同时，在本问题中对病原菌致病分子机理及其与寄主互作、病害成灾机理、抗病资源筛选及抗病育种工作等方面的深入研究，将会对植物新型土传病害研究、小麦抗病育种、新型防控药物研发等方面产生积极的推动甚至引领作用。

9 如何研制大型可变速抽水蓄能机组?

英文题目	How to Develop Large Speed-adjustable Pumped Storage Units?
所属领域	资源能源
所属学科	清洁低碳发电
作者信息	孙玉田　哈尔滨电机厂有限责任公司
	宋瀚生　哈尔滨电机厂有限责任公司
推荐学会	中国电机工程学会
学会秘书	汤　竑
中文关键词	高线速度下转子铁心及绕组的结构设计；转子绕组主保护设计；转子物理量监测；抽水蓄能发电电动机。
英文关键词	Structural Design of Rotor Core and Winding at High Linear Velocity; Main Protection Design of Rotor Winding; Physical Quantity Monitoring for Rotor; Speed-adjustable Pumped Storage Motor-generator.
推荐专家	郭剑波　中国工程院院士

专家推荐词

基于我国能源发展战略及电网发展战略中对灵活调节电源的强烈需

求，有必要快速突破"卡脖子"关键技术，推动可变速抽水蓄能机组国产化和示范推广引用，降低可变速抽水蓄能机组造价。可变速抽水蓄能产品的工程应用，可以带动相关产业升级，提高我国水电工程技术整体水平，优化国家能源结构，并实现能源绿色、安全、高质量发展。

问题描述

可变速抽水蓄能机组，可以实现变速恒频运行，实现机电系统的柔性连接，使水泵水轮机在变化的水头下达到最优运行，通过一定的矢量控制技术，可以实现电力系统的有功功率和无功功率独立调节，并具有快速的系统相应，同时还可以扩大发电和抽水两种工况下的功率调节范围。可更好解决新能源发电并网带来的频率不稳定问题，解决定速机组无法调节输入功率的问题，还可通过自动频率控制来提高电网供电质量，实现有功功率的快速调节，同时提高电网频率的调节精度，从而提高电力系统稳定性。

目前，可变速抽水蓄能机组采用双馈电机的结构，对于大容量可变速抽水蓄能机组的设计，由于转子表面的高线速度，在转子铁心的结构、端部绕组的动态可靠设计，以及转子多相绕组的动态防护，转子多相绕组的主保护设计等方面都存在严峻的考验。国内目前可变速抽水蓄能发电电动机的产品尚处于空白，日本单机容量已经做到了 420MVA（定子机端 475MVA）。

问题背景

随着国家"碳达峰""碳中和"目标的设立，国家"十四五"规划明确提出加大清洁能源的开发力度，风能发电、光伏发电、生物能发电、潮汐发电等新能源将会大量应用，尤其是风电和光伏发电。但风电、光伏等新能源发电受自然条件影响较大而存在不确定性，当装机占系统一定规模后，将会给电力系统频率管理带巨大的挑战。目前，随着风电、光伏发电等分布式间歇性能源在电网中所占比例的不断增加，以及核电机组的应用，电力系统需要具有应对负荷变化的快速响应能力，以保持电网的稳定性和可靠性。

最新进展

国内尚无可变速抽水蓄能机组的产品问世。河北丰宁电站二期项目将装设两台套单机容量 300MW 的变速抽水蓄能机组，全部由国外公司供货，目前产品正在制造当中，尚未投运。

可变速发电电动机机组产品目前国内尚属空白。哈电电机公司在 20 世纪 90 年代就已开始了有关变速恒频发电机的理论研究工作，从理论上研究了发电、电动两种工况的功率流程，建立了变速恒频发电机稳态和瞬态电磁场数值分析方法，开发了可变速发电机的设计程序，并进行了试验室模型样机的实验验证。

基于哈电电机公司长期的技术开发和坚实的理论基础，公司以河北丰宁电站变速发电电动机组为研究目标，在大型变速发电电动机的电磁方案、通风系统、结构设计、强度分析、绝缘技术等方面开展研究，并针对丰宁二期变速机组的技术参数开展了前期的模拟设计工作，端部固定方式采用 U 型螺杆结构，并进行了相应的转子模型验证。

随着持续对变速机组的深入研究，哈电电机公司又以泰安二期可变速抽水蓄能机组为依托目标开展了模拟设计工作。在 300MW、428.6r/min 的大型变速发电电动机的电磁方案、通风系统、结构设计、强度分析、绝缘技术等方面开展研究，端部固定方式采用护环结构，并与一重集团联合开展了巨型护环的攻关，突破了大型可变速机组关键"卡脖子"技术，获得了护环结构的研究经验。

同时哈电电机公司依托国家重点研发计划课题开发了国内最大的变速发电电动机——10MW变速海水蓄能发电电动机样机，并与国内一流的变流器制造公司（南京南瑞公司、深圳禾望公司等）合作，开展了变速发电电动机——变频系统的联合实验研究。

目前哈电电机公司与南方电网公司合作，开展了深入的产品研究工作，分别对肇庆、惠州中洞抽水蓄能电站进行了初步参数选型，开展了变速发电电动机组各专项技术研究论证工作，提出了合理可行的技术方向，明确了后续科研的重点任务，为后续工程的顺利实施提供了一定的技术指导。

重要意义

可变速抽水蓄能机组不仅可提高电力系统稳定性，提高发电效率，而且可以参与"水风光储"一体化多能互补，推进煤电、新能源电站一体化建设。通过变速恒频技术，使机组水泵水轮机运行在最佳工况点，机组整体效率大幅度提高。同时也可拓宽水泵水轮机的运行范围，即使在较低负荷时也不发生有害的振动，由此使其气蚀和泥沙磨损状况也大为好转，可大大延长水泵水轮机的寿命，具有广泛的应用前景。

基于我国能源发展战略及电网发展战略中对灵活调节电源的强烈需求，有必要快速突破卡脖子关键技术，推动可变速抽水蓄能机组国产化和示范推广引用，降低可变速抽水蓄能机组造价。可变速抽水蓄能产品的工程应用，可以带动相关产业升级，提高我国水电工程技术整体水平，优化国家能源结构，并实现能源绿色、安全、高质量发展。

10

如何突破满足高端应用领域需求的高品质对位芳纶国产化卡脖子技术？

英文题目　How can Domestic Para-aramid be Upgraded to Meet the Needs of High-end Applications in the Field of National Defense and Military Industry?

所属领域　先进材料

所属学科　纺织科学技术

作者信息　高欢　国家先进功能纤维创新中心

推荐学会　中国纺织工程学会

学会秘书　蔡　倩

中文关键词　对位芳纶；高强型；高模型；高端应用

英文关键词　Para-aramid；High Strength；High Model；High-end Application

推荐专家　王玉萍　国家先进功能纤维创新中心教授级高工

专家推荐词

该技术的研究，对于填补国内对位芳纶高端产品空白，同时满足国防军工需要，构建国际竞争新优势，引领材料工业升级换代，保障国家国防建设均具有重大意义。

问题描述

目前，国内对位芳纶已实现产业化生产，但生产规模小、成本高，诸多应用关键技术仍未完全掌握，无法形成质量稳定的应用产品，尚未能在重点领域实现规模化应用，特别是军用高端对位芳纶缺乏，高强型（美国杜邦 KM2）和高模型（美国杜邦 K–49AP）等高端产品仍需国外进口。我国要攻克高强型和高模型等高端产品制备及应用技术，解决"卡脖子"问题，实现该技术的自主可控；同时，也要提升单线生产规模、降低成本。关键指标：高模型，拉伸模量不小于110GPa，拉伸强度不小于18cN/dtex，断裂伸长率不小于1.5%；高强型，拉伸强度不小于22cN/dtex，断裂伸长率不小于3.6%。

问题背景

对位芳纶具有高强、高模和耐高温，同时还具有耐磨、阻燃、耐化学腐蚀、尺寸稳定等优异性能和功能，广泛应用于橡胶、光缆、防护、摩擦密封、复合材料等领域，在许多行业有着广阔的发展前景。对位芳纶最突出的性能是高强度和高模量，其强度是钢的3倍、是强度较高的涤纶工业丝的4倍；初始模量可达414～1019cN/dtex，是涤纶工业丝的4～10倍、聚酰胺纤维的10倍以上。另外，对位芳纶的稳定性很好，在150℃下收缩率为零，在高温下仍能保持较高强度，如在260℃温度下仍可保持原强度的65%。对位芳纶最初由美国杜邦公司研制成功，并于1973年实现了工业化生产，产品注册商标为Kevlar®，目前已经发展到数十个品种。国外对位芳纶主要生产企业包括美国杜邦、日本帝人、韩国科隆、韩国晓星等。我国从 20 世纪 70 年代开始研究对位芳纶，先后有多家企业机构进行对位芳纶中试和产业化开发，包括烟台泰和新材料股份有限公司、苏州兆达特纤科技有限公司、中蓝晨光化工有限公司、中国平煤神马集团等。近年来，我国对位芳纶产业发展迅速，国产对位芳纶已在高温过滤、防护材料、密封材料、线缆增强、轮胎、橡胶制品、电子通信器材等领域得到广泛应用，但在部分高端领域，如航空航天及国防军工等领域与国外产品相比尚缺乏竞争力，在一定程度上制约了我国航空航天及国防军工事业的发展。

由于存在极高的制造技术壁垒和知识产权保护，对位芳纶及其下游产品的生产技术长期为国外公司垄断，相关产品长期以来处于禁运或高价进口状态，在技术与经济上受西方国家遏制，极大地限制了我国的卫星平台、运载火箭、大飞机、兵器舰船等国家重大工程建设及发展。

最新进展

目前，国内对位芳纶产量约 2000t，主要生产企业为烟台泰和新材料股份有限公司和中蓝晨光化工有限公司，产品主要包括 K29、K129、K49 三种型号，主要应用于防弹、光缆、绳缆、体育用品、汽车等领域。与美国杜邦公司和日本帝人株式会社的产品相比，目前国产纤维的强度、模量、延伸率、离散性和工艺性等关键性能，还有较大差距。①国内产品差距较大，产品性能及稳定性不如国外，600D 以下规格产品市场认可度不高，高模量的高端产品还未实现国产化水平。②技术水平存在不小差距，国内纺丝速度最高 500m/min，而国外已达 800m/min，且工艺稳定性有待提高。③产业规模差距较大，国际上对位芳纶总产能约为 7.6×10^4 吨/年，开工率为 70% ~ 80%。

对位芳纶关键基础性科学问题尚未深入研究，制约着产品向更高性能发展；目前只有美国、日本等国外公司具有制造对位芳纶关键生产设备的实力，国际形势的变化使国外有可能对生产对位芳纶及其他高性能纤维的关键设备采取封锁和禁售手段，这将严重制约国内对位芳纶行业的发展。鉴于我国初步实现高强、高模对位芳纶产品的产业化，国内认知及市场开拓尚未打开，国内产能也未得到完全释放，其相关上下游产业链需要深入挖掘，进一步加大产品市场开发力度。

芳纶原料供应紧张。对位芳纶的主要原料为对苯二胺和对苯二甲酰氯。从历史上看，我国酰氯和二胺均出现过因供应紧张而价格飙涨的情况，日益严峻的安全环保形势是导致原料供应紧张的主要原因。硝化反应是传统工艺，在"响水3·21"事故之后，市场苯二胺供应商减少，且安全生产受到严格监管，如何保障芳纶原料的供应安全成为摆在主要芳纶厂家面前的一个严肃话题。据调查，目前只有浙江龙盛集团股份有限公司和美国杜邦可实现芳纶原料的产业化。作为国内在对位芳纶领域走在前列的企业，浙江龙盛集团股份有限公司采用的也是管道连续技术，存在有较大的爆炸风险。方圆化工有限公司是第一家突破了本质安全工艺难题的公司，作为其核心专利保护内容，使用微反应器的最核心优势是大幅降低爆炸风险。

重要意义

对位芳纶纤维是重要的国防军工材料，性能优异的橡胶补强和骨架材料，在国内国防军工用防弹材料、光通信、高端车用制品、增强复合材料有着巨大市场需求。需加强对位芳纶自主创新能力，形成差别化产品系列，填补国内高端产品空白，降低生产成本扩大规模化应用，提高产品附加值，同时满足国防军工需要。对位芳纶企业加快技术创新和全球产业布局，不断扩大其在低成本生产和高端应用领域的优势。对位芳纶产业的快速发展有助于构建国际竞争新优势，对引领材料工业升级换代，保障国家国防建设具有重大意义。